U0110865

大展好書　好書大展
品嘗好書　冠群可期

大展好書　好書大展

品嘗好書　冠群可期

休閒生活
3

盆景
形式美與造型

蕭遣 編著

品冠文化出版社

作者簡介

　　莫伯華，筆名蕭遺，1934年生，湖南安化人。黃岡師範學院美術學院教授。中國美術家協會會員，中國美術教育研究會常務理事。1994年，獲國家教委頒發的「全國高等師範院校教師獎」。其創作的《歸途》《洪湖岸邊》等多件美術作品先後參加全國美展，並兩次獲銀獎，一次獲銅獎。曾出版美術專著和畫冊4部。愛好盆景藝術，發表盆景論文10多篇。

序　一

誰也沒有想到，以繪畫聞名於世的莫伯華教授，晚年在繪畫之餘對盆景藝術情有獨鍾，並出版自己經過長期摸索研究的盆景藝術專著《盆景形式美與造型》。這本書對我國盆景藝術走出老套路，實現新的審美創造，會產生積極影響。

盆景雖然有別於繪畫，但同屬於視覺藝術，與繪畫存在著許多共通性。已在繪畫領域極富成就的莫伯華教授，以其藝術家的靈心與慧眼，長期專注於盆景藝術，其專著一定會給盆景藝術帶來全新的視角，並在審美創造上注入新的活力。

作爲聲名遠揚的畫家，當年他創作的中國人物畫《歸途》《小站》等作品，不僅參加了全國美術大展並獲大獎，而且被許多出版社作爲繪畫名作大量出版。同時，他在版畫、水彩畫、年畫上也不斷有名作問世，多次在全國美展上獲得大獎。

作爲美術教育家，他在教學藝術上造詣極深，授課生動、形象，充滿激情，受過他教誨的人，無不終生難忘。而今，他的學生遍佈全國，有的成爲名校教授，有的成爲優秀畫家，有的則成爲優秀藝術設計師

或優秀企業家。這樣一位終身傾心於美術教育，無論是藝術創作經驗還是教學經驗都極其豐富的老教授，一旦專注於盆景藝術，他在這一新領域的奉獻和價值是難以估量的。

據我所知，莫伯華教授對盆景藝術發生濃厚興趣已有十多年。他退休以後，盆景更是成爲他晚年生活的重要樂趣。每次出國或帶學生到全國各地寫生，他總要千方百計擠出時間參觀當地的盆景園或盆景市場，或到荒郊野嶺尋找盆景素材。他還在自己家的一角營造了一小塊盆景園地。爲培育盆景，他經常廢寢忘餐，因爲一見到那些充滿生意的盆景佳作，他總能進入物我兩忘的審美境界。可以說，他讓自己的繪畫藝術與盆景藝術產生了積極互動，以繪畫創造精神昇華了盆景藝術的審美品位，又以盆景藝術的生動姿態啓示畫面形象的造型美感。

這本書是長期傾心盆景藝術的莫伯華教授的嘔心力作。他以藝術家獨有的慧眼和深湛的學術之思，用繪畫構圖與形式美的法則來研究盆景造型，審視盆景藝術的審美創造，揭示其中的審美規律。他對每一件盆景作品，從開始培育到最後成型的過程，都拍有照片存檔，形象直觀地把他的研究成果介紹給讀者，使這本書能很好地適應讀者的心理需求。

這本書沒有枯燥乏味的理論闡述，而是透過典型案例分析，圖文並茂，深入淺出地講述他的盆景創造

經驗和可以直接應用的審美原理。該書既有學術性，又有普及性，是滲透著作者審美理想和豐富製作經驗的精心之作，是一本廣大盆景愛好者、園林景觀專業人士和園藝工作者不可多得的必讀專著。

張幼云（博士廣州美術學院教授）

序 二

　　《盆景形式美與造型》一書，是一本少見的、難得的關於盆景造型的理論與實踐的著作。作者是一位年過七旬的美術學院教授，他以美術教育家的智慧和知名畫家的眼光，來參與盆景藝術的造型活動，很自然地對盆景藝術的創作有著新的視角、新的觀點。這可以使我們在盆景理論的學習上有個明確的方向、在向盆景藝術高峰攀登的階梯上有個扶手。

　　書的主要內容是談盆景造型的形式美法則和盆景造型構成形式美的要點。要點和法則緊密聯繫，要點的詳細闡述將大大豐富與展開法則部分的內涵。

　　盆景的形式美法則也稱盆景的藝術辯證法或盆景的藝術表現規律等。這些內容曾有人寫過或散見於其他文章。而莫先生將諸多形式美法則概括爲「變化統一」「均衡」「比例」「對比」「節奏」等部分來論述，可謂系統全面、層次豐富。各章節既有詳盡的理論又有盆景製作的實例相印證，並透過大量的盆景圖片加以具體說明，可謂圖文並茂、深入淺出。

　　這些法則是無數前人在長期的藝術實踐中積累和總結起來的，它是一份難得的、寶貴的藝術財富。

盆景造型構成形式美的要點，有別於法則。但它是盆景創作所必須強調的、不可或缺的重要之點，如「佈勢」「視覺美點」「外形塑造」「枝的造型是關鍵」，等等。以上內容莫先生嘗試著把它歸納在一起，並稱之爲要點。在盆景理論上，可算是創新之舉，這是新視角、新觀點的體現。

　　法則和要點，在內容上有虛有實，這就要求學習者具有一定的中國文化的基礎和實踐經驗。這裡充分體現了「盆景是文化」的理念。

　　這是一本將普及和提高相結合的盆景藝術專著，如果我們充分掌握了它，就算是掌握了造型中塑造美的奧秘。它將幫助你走上盆景藝術的成長道路，最終到達盆景藝術殿堂。

　　　　　　　　胡樂國　（中國盆景藝術大師）

前 言

　　我是一名美術教師，業餘時間玩玩盆景完全是爲了消遣。有時我帶學生下鄉寫生，在山野間看到好的樹木素材，就挖回來製作盆景，佈置居室，這給我的生活增添了許多情趣。退休後，玩盆景的時間多了，我就開始對盆景造型進行研究。經過多年的實踐，我體會到繪畫與盆景，雖然一個是平面造型，一個是立體造型，運用的材料及表現方式和手段也不同，但在造型中如何創造美的藝術形象這一點上，卻有許多相通之處。

　　盆景界的朋友也認爲，繪畫作爲主流藝術，許多造型的理論與技法，都值得盆景借鑒和學習。在繪畫創作中，畫家們爲了表現自己的思想情感，創造美的藝術形象，都是運用形式美的法則和規律來進行構圖和造型的。而其他視覺藝術，如雕塑、工藝美術、建築以及攝影等，雖然它們的特點不同，但在處理構圖與造型時，也同樣都要運用形式美法則。因此，形式美法則在視覺藝術的造型中，具有普遍的指導意義，它是所有視覺藝術造型設計的基礎，是創造美的一把「金鑰匙」，這對盆景造型也不例外。

　　我閱讀了許多盆景方面的書籍。在造型方面，大都詳細和具體地以同一種方式進行論述，如盆景的流派、類型、款式、製作技術等。這些基礎知識，當然是必須掌握的。但盆景是一門創造美的藝術，如果用傳統的培養工匠的模式，師傅帶徒弟，就事論事地傳授知識，告訴徒弟要這樣做才美，而不說爲什麼，不從根本上揭示形式美的基本規律，徒弟也就只能依樣畫葫蘆，按圖索驥，生搬硬套，不可能舉一反三有新的創造。

　　我認爲掌握盆景造型的具體技巧（如有哪些造型的款式，怎樣蟠紮、絲雕等）並不難，只要經由一段時間實踐是完全可以學會的。而要創造美的盆景，則要提高審美眼光和審美層次，掌握形式美的基本法則和規律，做到眼高手高，才能從根本上提高盆景的造型水準。

　　我一直從事繪畫創作，並擔任了多年的大學美術專業《繪畫創作與構圖》的教學。在這門課程裡，形式美法則是主要的教學內容。退休後，我曾返聘開設過《形式美與盆景造型》的選修課，受到學生歡迎。我也經常把自己的研究體會寫成文章，在盆景雜誌上發表。運用形式美法則來闡述繪畫和攝影構圖的書籍很多，而運用形式美法則闡述盆景造型的書籍，我尚沒有發現。於是我就開始著手準備寫作這本《盆景形式美與造型》。

　　書中結合自己在繪畫、盆景兩方面實踐的體會，運用形式美法則，以一種新的方式闡述盆景造型、揭示盆景創造美的形象的一般規律。寫作該書沒有壓力，我把它當成一種消遣，因此寫寫停停，數易其稿，歷時幾年，直到現在才欣然付梓。

　　隨著人們物質生活和精神生活的不斷豐富，盆景日益受到人們的喜愛，業餘愛好者也越來越多。我作爲其中一員，樂意把自己的研究體會奉獻給大家。如果它對大家的盆景創作有所啓迪和幫助的話，那我的這種消遣就算是頗有意義的了。

目　錄

一、盆景造型的形式要素

(一)點、線、面是造型的形式要素

在繪畫創作中，為了抓住形象的本質特徵，畫家們構圖時，都是把千姿百態的具體形象（包括人物、風景、靜物等）加以抽象化、符號化，歸納為單純的點、線、面來認識和分析，並轉化為點、線、面來進行描繪。

點、線、面就是繪畫造型的形式要素。例如，中國畫中的山水畫，清代畫家袁耀的《山水圖之一》（局部）是用點、線作為形式要素進行描繪的（圖1-1）；而莫伯華的水彩畫《雨後灘江》則是用面來進行塑造的（圖1-2）。同樣是畫荷花，馮今松的花鳥畫《紅蓮賦》把荷

圖1-1

圖1-2

花、荷葉用面來進行塑造（圖1-3）；而廖連貴的花鳥畫
《老家老塘老蓮》則把荷葉、蓮蓬改用線和點進行表現
（圖1-4）。

　　樹木盆景是對活的植物進行立體造型，與繪畫創作有
很大區別，不能像繪畫那樣可以隨意變形和變色。但為了
研究盆景的形式美和掌握盆景造型的規律，也應該像繪畫
創作一樣用點、線、面來歸納和分析。點、線、面同樣是
盆景造型的形式要素。

（二）養成用點、線、面觀察物象的習慣

　　點是最小的形式要素。點連接起來成線，積點、積線成
面（圖1-5）。但點、線、面是相對和比較而言的，是相互
依存的。如在浩瀚的太空裡，月球只是一個點；而對繞月球

圖1-3

圖1-4

飛行的人造衛星來說，月球是一個大面，衛星則是一個小點了。又如，圖1-6a中的海豹，與野鴨比較，海豹為面，野鴨是點；但海豹與礁石相比較，則成為一個點了（圖1-6b）。在大型舞蹈表演中，每個演員其實就是一個點，時而連成線，時而集成面，不斷變化隊形，組成各種精彩的畫面。我們要捨去對物象固有的觀念，養成相對地、比較地運用點、線、面等形式要素去觀察和分析物象的習慣。

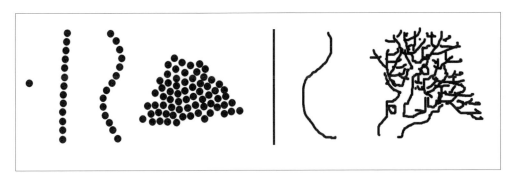

圖1-5

圖1-6a

圖1-6b

(三)怎樣將樹木盆景歸納成點、線、面

樹木盆景的整體造型是由樹根、樹幹、樹枝、樹葉、花、果、盆、幾架等組成的。我們用形式要素歸納分析：可以把樹葉、花、果轉化，看成是點（圖1-7）；把樹幹、樹枝、樹根轉化，看成是線（圖1-8）；當樹枝、樹葉、花、果密集時，則轉化成了面（圖1-9）；幾個小面相連在一起，就形成一個大面，此時，小面的外形已被大面的外

圖1-7

圖1-8

面

圖1-9

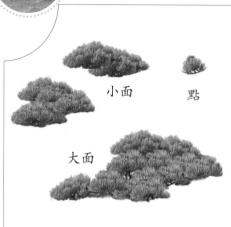

小面　　　點

大面

圖1-10

形所取代（圖1-10）。在一件盆景作品中，可以既有點又有線和面。如圖1-11中，樹幹和樹枝爲線；花和葉有的分散爲小點和大點，有的則密集成爲小面和大面。

面還有實面和虛面之分。樹根、樹幹、樹枝、樹葉、花果等都是實形，構成的面是實面；樹幹、樹枝、樹葉之間形成了許多空白，這些空白（虛形）構成的面就是虛面。一般人只注意觀察實形和塑造實形，不知道怎樣觀察和塑造虛形。實際上虛形和實形是相輔相成的。造型時，我們既要看實形構成的實面，也要看虛形構成的虛面（圖1-12）。虛面美，實面才美。這樣才能同

圖1-11

時處理好兩者之間的關係。

　　無論是觀賞大自然風光還是賞析盆景作品，都要透過表像，抓住形象的本質特徵，學會運用點、線、面等形式要素來觀察和分析形象。點、線、面不是一成不變的，是相對而言的，它們之間是可以相互轉化的。不管運用何種素材創作何種形式的盆景作品，實際上都是根據造型的形式美需要，對點、線、面進行最優化的歸納、組合與佈局，以取得最佳的形式結構（在後續章節將進行闡述）。所以我們在盆景造型中，要改變「就枝論枝」，「就幹論幹」的思維方式，這樣才能從根本上掌握盆景造型中的形式美規律，創造出美的盆景作品。

圖1-12

二、盆景造型的形式美法則

　　將形式要素——點、線、面進行佈局，使其形式結構符合美的規律並體現作者意圖，組成一個具有審美意義的和諧藝術整體，使作品產生形式美感，這就是構圖。在中國畫論裡，構圖被稱爲「經營位置」，也叫「佈局」和「章法」。

　　藝術家在創造美的活動中，對如何經營點、線、面位置，將其進行佈局與組合，探索和總結出了一套形式美法則。這些法則是無數藝術家在長期的藝術實踐中積累和總結出來的。

　　形式美法則包括：變化與統一、均衡、對比、比例、節奏等。它們之間既有區別，又密切聯繫。在各種構圖書籍中，各家所言不盡相同，但大同小異，各有所側重，基本道理是一致的。不論是具象或抽象的藝術作品，都應該符合形式美法則。只有掌握了形式美法則，才能掌握在造型中塑造美的奧秘，才能成爲真正的藝術家。

　　盆景造型和繪畫一樣，是一項創造性的工作，理應避免設置各種條條框框，清規戒律，束縛作者的手腳。但不從已有的法則入手，一味盲目摸索，是難以悟出美的真諦的。這些前人總結出來的經驗，對於初學者來說，是具有指導意義的。

　　中國畫論中的「畫有法，畫無定法」，「無法中有法」和「須入手規矩之中，又超乎規矩之外」的諸多見解中講的都是一個道理。

　　形式美法則不是固定不變的，它的發展有一個從簡單到複雜，從低級到高級的過程。同樣，盆景造型也不應有一種固定不變的模式和完全相同的方法。我們應該在前人寶貴經驗的基礎上，運用這些形式美法則，不斷開拓創新，使其日臻完美。

　　後續章節中，我將結合盆景造型的實例，對形式美法則分別進行闡述。

三、變化與統一

（一）什麼是變化與統一

變化與統一也稱對立與統一。這是一條最主要的和最根本的形式美法則。

所謂變化，是指形態相異的形式要素並置在一起，造成顯著區別和差異的感覺（圖3–1）。

所謂統一，是指形態相同或相似的形式要素並置在一起，造成一致或具有一致趨勢的感覺（圖3–2）。

唯物辯證法認為，對立統一規律是人類社會和自然界一切事物的基本規律。變化與統一是相對的，兩者既對立，又相互轉化和依存。

圖3-1

圖3-2

　　在藝術造型中，變化與統一表現在形式要素之間既有區別又相互聯繫的關係之中。也就是說，形式的變化（對立），表現在形式要素的區別和相異的關係中；形式的統一，表現在形式要素的相同或相似的關係中。如果只有統一而無變化，就會單調、平庸、乏味；只有變化而無統一，就會雜亂、紛繁、無序。

　　上世紀30年代的著名畫家豐子愷先生在《構圖ABC》一書中，最早對變化與統一的法則進行過通俗易懂的闡述。他以三個蘋果為例，指出物象的佈局與組合不外乎下面三種情況：

1.有統一而無變化

　　畫面上三個蘋果（三個點）形狀、大小、方向、距離統一，桌面邊線對畫面作對等分割，邊線通過蘋果的位置相同，給人整齊、穩定的感覺，但又顯得呆板而無動感（圖3-3a）。

圖3-3a

2.有變化而無統一

　　畫面上三個點雖然大小、形狀統一，但位置分散，方向各異，互不聯繫，沒有主次，雖有動感，但散亂而不穩定，給人以雜亂無章的感覺（圖3-3b）。

圖3-3b

3.既變化又和諧統一

畫面上三個點，將其中兩個點靠攏，連接成一個大點。與另一個點相比，在大小、形狀、位置上均產生了變化。但兩個點靠攏後的外形仍是由弧線構成，與另一

圖3-3c

個點形狀相似，比較統一。這樣，既有主有次，又互相呼應；既有明顯變化，又很和諧統一（圖3-3c）。

在藝術作品中，統一與變化兩者並不等量，不同的作品側重點不同：有的作品統一成分多於變化；而有的作品則變化成分多於統一。構圖和造型時，要善於根據表現需要，把握和調整兩者之間的關係。例如，如果某些形式要素因統一而造成過分單調，可由其他要素進行變化獲得補償，使其統一中有變化。這樣才能使兩者協調和諧，成為對立的統一體並具有形式美感。

（二）用變化統一法則分析自然界樹木

創作樹木盆景，首先要師法自然。我們可以用變化與統一的法則來分析研究自然界的樹木，以掌握其形成自然美的規律。

自然界的樹木品種繁多，千姿百態。從盆景造型的角度可分為以下幾類：

按樹幹分：有直幹、斜幹、曲幹、一本多幹等幾種形

態。

　　按樹枝分：有斜枝（圖3-4）、曲枝（圖3-5）、橫向枝（圖3-6）、下垂枝（圖3-7）等幾種形態。

　　在一棵樹上，有的樹幹和樹枝的生長方向和形態統

圖3-4

圖3-5

圖3-6

圖3-7

一，如斜幹斜枝（圖3-4）、曲幹曲枝（圖3-5）；而有的樹幹和樹枝的生長方向和形態不統一，如直幹橫向枝（圖3-6）、直幹下垂枝（圖3-7）。

　　從以上圖片可以看出：自然界的樹木，樹枝的形態和生長大方向大體上是統一的。它的變化體現在兩個方面：一是樹枝的粗細、長短、空間位置、疏密、空白上有變化；二是樹枝在生長大方向統一的基礎上，有小的方向變化。如圖3-4，樹枝爲斜枝。有的向左斜，而有的向右斜，斜度也有微差。又如圖3-6中，樹枝均爲橫向枝，但不一定平行，有小的角度變化。

　　在有的樹上，樹枝的方向是按一定的順序變化的。如頂枝向上生長，樹幹中部的樹枝橫向生長，下部的樹枝則向下垂。樹枝的生長方向從上至下逐漸發生變化，十分自然和諧（圖3-8）。

圖3-8

圖3-9

不過，我們也常發現自然界有些樹木，因受氣候、環境和災害等影響，樹枝的形態和生長方向沒有規律，雜亂而不協調。如圖3-9中的樹，大多數樹枝斜向生長，而有幾支很搶眼的橫向枝，變化突然，與整體很不統一協調。在盆景創作中，這種情況應注意避免。

（三）變化統一法則在繪畫中的運用

我們再看看國畫家是怎樣畫樹的。在中國畫的畫譜中，歷代畫家把樹枝的畫法作了程式化的概括和提煉：把向上生長的樹枝概括為「鹿角枝」；把彎曲向下生長的樹枝概括為「蟹爪枝」（圖3-10），當然還有一些其他形態的枝型（圖3-11）。從圖例中可以看出：畫家畫樹遵循自然界樹木生長的規律，樹枝的形態和生長大方向都是統一的，而主要在樹枝的長短、粗細、空間位置、空白、疏密和樹冠外形上進行變化。

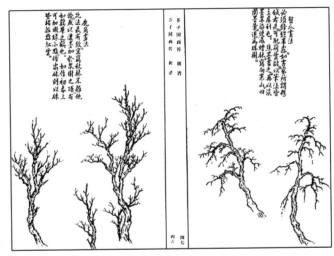

圖3-10

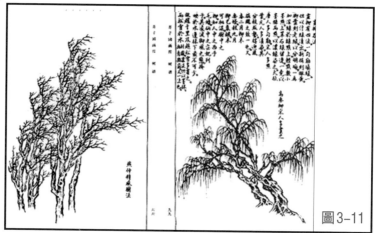

圖3-11

　　在樹枝的藝術處理上，畫家們總結出的一套出枝程式，也是符合變化與統一法則的（見圖3-12、圖3-13，選自《芥子園圖譜》）：其枝的形態和大的方向統一，但出枝有長有短，有避讓有穿插，三個枝組成一個「女」字，形成的空白為不等邊三角形，枝與枝之間構成的空白也均為不規則的多邊形，富有變化。沒有比較呆板的對生枝、輪生枝、平行枝和直角枝。畫家們總結的這些規律，均值

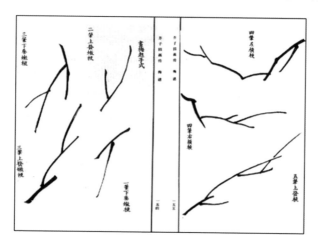

圖3-12

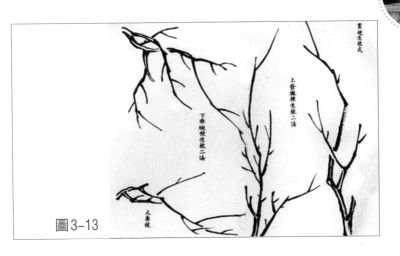

圖3-13

得盆景造型者借鑒。

　　下面，再欣賞幾件歷代山水畫作品，看看作品中畫家所畫的樹是如何體現變化與統一這一法則的。

　　圖 3-14 爲明代畫家王紱的山水畫《湖山書屋圖》（局部）。畫中的樹統一爲直幹，樹枝統一爲橫向枝。雖然樹幹和樹枝大致平行，但樹幹的間隔、樹腳的高低和樹枝的出枝點、長短、疏密、空白以及幾棵樹構成的樹冠外形富有變化，酷似一件精美的叢林式盆景作品。

圖3-14

圖3-15

圖3-16

圖3-15為明代畫家吳偉的山水畫《江山漁樂圖》（局部）。畫中的樹為斜幹斜向枝。圖3-16為清代畫家閔貞的山水畫《捉蟹圖》（局部），樹為曲幹下垂枝。兩幅畫中樹枝形態各自統一，而在樹枝的位置、疏密、空白和樹冠外形上顯現變化。

圖3-17為明代畫家程嘉燧的山水畫《幽亭老樹圖》（局部）。三根主幹均為向左上生長的曲幹，三條曲線既相似又有差別。三線之間形成的空白很有變化，均是不規則的形狀。樹枝統一為下垂枝，其出枝點、長

圖3-17

短、疏密均有變化。特別是在下垂枝大方向統一的基礎上，角度略有微差，使下垂枝之間形成的空白（虛面）也有了變化，均爲不規則的幾何形。空白美，映襯出樹枝和樹冠外形更美。三棵樹就像三個跳舞的人，動作既統一又有變化，頗有韻律美。

(四)樹木盆景創作中怎樣運用變化統一法則

師法自然使我們知道自然界樹木的生長形態符合變化與統一的基本規律，研究名畫又讓我們從畫家對樹木進行藝術處理的方法中得到啓迪。

我們得到的啓示是：在樹木盆景造型中，每一件作品的樹枝基本形態和大方向必須統一，主要在樹枝的長短、粗細、疏密、空白、空間位置、樹冠外形及樹勢上尋求變化。

下面，賞析幾件盆景作品。

胡樂國的五針松盆景《向天涯》（圖3–18）。雙直幹合栽，樹枝統一爲橫向生長，略有下垂。其出枝點、枝的長短、疏密、空白的大小和形狀、樹冠外形均有變化，十分生動自然。

圖3–18

周運忠的對節白蠟盆景（圖3-19），一本多幹。樹枝統一為向上的斜枝（鹿角枝），而出枝點的位置、枝的形態、長短、疏密、空白、樹冠外形均有變化，顯得古樸蒼勁。

蕭遣的三角楓盆景（圖3-20）為懸崖式，統一為斜枝，枝幹形態相似，但樹枝的生長方向逐漸變化，由向上、橫向、再向下垂，在統一的樹勢中，空白、樹冠外形都富有變化。

少數盆景作者為了追求局部變化，卻造成整體極不協調統一的情況。圖3-21就是盲目地將枝幹進行蟠紮拉彎。

圖3-19

主幹拉彎後，人工痕跡明顯，很不自然。主幹頂梢向右下垂，將枝另立為主幹，蟠紮向上，顯得很匠氣。又如，圖3-22為曲幹樹樁，但主枝與主幹部分，經作者拉彎處理成直角轉折後，直線特別刺眼，與整體很不統一協調。解

圖3-20

圖3-21

圖3-22

決的辦法是：把這一主枝去掉；或者把這一主枝巧妙地拉成彎曲狀，這樣才能與整體統一協調起來。再看圖3-23，舍利幹多而雜，過於強調變化，沒有取捨；對整個樹冠來說，綠色和白色等量齊觀，沒有主次。如果懂得了變化與統一的辯證關係，這些問題就可以避免。

圖3-23

　　樹木盆景創作的主要工作就是對一棵樹或幾棵樹（叢林）進行造型。作者根據立意，將樹的根、幹、枝、葉、花、果等概括為點、線、

面進行佈局與組合，形成美的樹冠外形。樹葉、花果都生長在樹枝上，所以樹枝的佈局與組合在造型中尤爲重要。

盆景樹枝的佈局與組合，從原理上講應該符合前面所講的變化與統一的法則。一件盆景作品，如果以統一爲主，應該在統一中尋求變化；如果以變化爲主，則應在變化中求得統一。

1. 樹枝的佈局與組合

前面講過，盆景樹枝抽象歸納爲線，密集成面。一棵樹上的樹枝有時爲線，有時爲面。怎樣做到線、面的佈局與組合既有變化又和諧統一呢？

盆景樹枝的佈局與組合，要從整體樹勢和外形著眼，在樹枝（線）形態統一的基礎上，即枝的伸展方向大體一致的前提下，出枝要有高低、長短變化；線的轉折要有方圓、頓挫和長短比例的變化。

圖3-24a爲橫向枝，樹枝的形態和大方向統一，但樹枝的長短、疏密及空白均有變化。造型時，要學會用水平線和垂直線對上下和左右的樹枝進行審視（圖3-24b）：注意左右兩邊樹枝的枝梢（紅點處）儘量不在一條水平線上；上下樹枝的枝梢儘量不在一條垂直線上，出枝點和樹枝的長短及角度要有微差，這樣枝與枝之間形成空白（虛面），才不會是機械規整的幾何形。樹枝在統一的方向和形態中，就有了變化。

圖3-25是方志鵬、蕭遣合作的黑松盆景。爲了在枝條的長短、位置、疏密及空白上尋求變化，製作者就是用水平

線和垂直線對上下和左右的枝條進行審視，進行調整使兩側
和上下的枝梢（紅點處）做到不在一條水平線和垂直線上。

　　另外，樹枝的佈局要有空間位置的變化。圖3-26，是
盆景的頂視圖。可以看出樹枝有前後、左右位置的變化。
盆景初學者往往只注意左右樹枝的處理，忽視前後樹枝的

圖3-24a　　　　　圖3-24b

圖3-25

圖3-26

處理，樹冠像一堵牆，只有高度和寬度，沒有深度，缺少立體感。在塑造後方的樹枝時，要注意透過前方枝幹之間的空白露出某些部位，做到有藏有露，這樣形成的樹冠外形才是一個有空間深度的球體。

2. 枝片的佈局與組合

樹枝、樹葉生長茂密會形成枝片（面）。面的形態必須相似，在形態統一的基礎上從以下幾個方面進行變化：

①面的大小要有變化

當樹冠中的樹枝和樹葉逐漸生長茂密後，透過修剪和蟠紮，把它塑造成面。面的形態要相似，但大小要有變化。在圖3-27a中，面的大小幾乎相等，缺少變化。蓄養後，由蟠紮和修剪，將其中的某些面靠攏連接或重疊，把兩個或幾個小面組合成一個大面，這時大面的外形取代了小面的外形，它們之間就有了大小變化。形狀既相似（都

圖3-27a

圖3-27b

是由弧線構成）又不相同（圖
3–27b）。

②面的佈局要有變化

　圖 3–28 是蕭遣製作的榆
樹盆景。樹枝形成的面形態相
似，比較統一。面除了有大小
不同外，位置、距離都有變
化，有斷有連，有聚有散。空
白形成的虛面，分佈也錯落有
致。樹冠外形流暢自然，既有
變化又協調統一。

圖3–28

③面構成的樹冠外形要有變化

　盆景的樹冠外形是由很多大小不同的面構成的。面的形
態、大小、位置、方向、聚散、空白等都要圍繞樹冠整體外
形進行塑造。圖3–29a是周運忠製作的鋪地柏盆景未造型前

圖3–29a

圖3-29b

的樹相，實面和虛面都很散亂，外形也不美。透過蟠紮、修剪，調整面的形狀，把有的面合攏，有的面移動位置，同時，利用面把樹幹、樹枝適當遮擋，使枝幹有藏有露，空白（虛面）也有了變化。這些工作都圍繞塑造一個美的樹冠外形整體進行。經過一兩年的養護和不斷調整，盆景面貌有了質的飛躍（圖3-29b）。一般盆景初學者只注意局部，孤立地蟠紮和修剪每一個面，忽視從樹冠整體外形上去把握，往往容易犯「撿了芝麻，丟了西瓜」的毛病。

④要注意塑造虛面

沒有虛面（空白）的盆景作品，使人看起來感到窒息和壓抑。我們看看這件蝦夷松盆景（圖3-30a），樹葉茂密，樹冠已成為一個大面，真可謂密不透風。但在樹冠中露出的幾塊小虛面（空白），像珍珠一樣，十分寶貴。如果沒有這幾塊小虛面，那給人的會是閉塞、沉悶、壓抑之感（圖3-30b）。

圖3-30a

圖3-30b

　　樹木盆景開始培育時，枝葉還不茂密，空白多，人們往往注重實面的塑造，而不重視虛面的安排。成型後，樹枝、樹葉仍會不斷生長，虛面會愈來愈少。控制實面，注意塑造虛面，調整兩者之間的關係，是使作品不斷完善保持形態美的關鍵。

　　下面我們賞析幾件盆景作品：

　　圖3-31這件五針松樹盆景是美國國家盆景博物館的藏品，樹齡已有100多年了。樹冠外形已形成為一個半圓形，比較規整。但作者由蟠紮和修剪，在樹冠中塑造出幾個大小不同的面，並留出一定的空白。經歷這麼多年，始終不讓這幾個面連成一片，目的就是在統一為主的樹冠外形中尋求變化。

　　圖3-32是陶大奎製作的《秦漢風韻》。面的形態不是

圖3-31

圖3-32

規整的饅頭形，佈局起伏多變，高低錯落。枝幹被面遮擋後，既能看出它的來龍去脈，又增強了樹木的空間感。塑造的空白使枝、幹、葉各自的美都得以展示。樹冠的內部結構線和外輪廓線均爲流暢的弧線，既統一又富有節奏變化，沒有人爲加工的匠氣，顯得十分自然美觀。

圖3-33a是美國國家盆景博物館的三角楓盆景（2003年的樹相）。葉子形成的小面多而散。經過幾年的蓄養和造型，到2008年，樹相有了明顯的變化（圖3-33b）。此時有些小面已連接組合成了大面，面有了大小變化，枝幹有藏有露，刻意留出的空白，把大面、小面、枝幹（線）展示得恰到好處。佈局既有變化又和諧統一。

3. 花與果的佈局與組合

盆景中的花與果的組合與佈局，同樣要做到既變化又統一。相對面而言，花和果均爲點，要使點有大小變化，

圖3-33a

圖3-33b

同樣要通過蟠紮，將點靠攏連接，組合成大點或面，使花與花、果與果之間產生形狀大小的變化。同時，在點和面的佈局上，也要有聚有散、有高有低，在和諧的整體中富有變化。圖3-34a是易鴻超的紫荊盆景，因養育時間不長，還來不及蟠紮和修剪，點和線有些散亂。經過蟠紮和修剪後，去掉了一些雜亂的線，將某些點靠攏組合成大點和面，根據樹冠外形需要，調整點、線、面的位置，使其在變化中求得統一（圖3-34b）。

圖3-34a

圖3-34b

4. 叢林的佈局與組合

　　叢林式盆景佈局時樹幹、樹枝的形態與生長方向應該相似和統一，但樹的栽植點和樹幹的高低、間距，樹枝的聚散、空白的大小、樹冠外形要有變化。

　　圖3-35是明代畫家戴進的《關山行旅圖》（局部）。畫中高聳的叢林樹幹、橫向下垂的樹枝形態統一，但枝幹被針葉遮擋、分割，有藏有露；枝條的位置高低錯落，沒有平行枝，形成的空白形態也有變化，構成的樹冠外形十

圖3-35

分自然生動。就像一件優美的叢林樹石盆景，值得我們品味與借鑒。

　　圖3-36是美國國家盆景博物館的一盆用杜松製作的叢林式盆景。樹幹統一爲直幹，樹枝統一爲橫向枝。針葉構成的面，形態相似，但有大有小，高低錯落。而且有斷有連，有藏有露，把樹幹分割得比例變化有度，把大小兩組樹幹連成一個整體，空白（虛面）和樹冠外形都富有變化。參差不齊的舍利幹樹梢，爲作品增色不少，是一件很

圖3-36

有特色的盆景佳作。

　　西方的園林藝術與中國的園林藝術有很大不同。中國文化講究「天人合一」，師法自然。而西方文化自文藝復興開始強調以人為本，自然要為人服務。由於文化觀念不同，園藝造型的審美也就存在東西方差異。西方的園藝造型很多以統一為主，樹冠外形規整、對稱，樹枝的分佈與疏密以及形成的面缺少變化，裝飾味較濃。他們很重視保護環境和樹木養護，公共場所經常可以看到出枝點低、枝葉茂密、外形規整的樹木（圖3-37）。在盆景創作中喜歡規整統一的造型，與我們存在審美差異，也就不足為怪了（圖3-38、圖3-39）。

圖3-37

圖3-38

圖3-39

四、均　衡

　　均衡也是形式美法則之一，是指在繪畫構圖和盆景造型中，要使形象在畫面或盆景的佈局上，保持上下、左右分量上的均衡與和諧的關係。這樣人們在觀賞時，會在視覺心理上產生一種相適應的愉悅和美感。

(一)物理平衡與視覺均衡

　　均衡，原本是指物理上的各個方向作用力的平衡。以天平爲例，支點在中心，左右延伸爲力臂，兩端爲力點。兩側的力臂長度和重量都相等時，天平就會平衡，如圖4-1。當兩端重量不等時，如果調整力臂長度，也可取得平衡，如圖4-2。但這都是物理上的平衡。

　　我們這裡研究的均衡是指視覺上的均衡。人的視覺天性喜歡均衡和諧，其形成原因很複雜，既有物理因素，也有心理因素。既有物象的量比，諸如重量和數量的作用，也有物

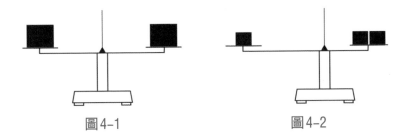

圖4-1　　　　　　　　　　圖4-2

象的形態、方向、色彩和質感等在心理上的力感作用。

例如，天平上兩側的梨子的重量和力臂均相等，物理上是平衡的，視覺心理上也是均衡的，如圖4-3。

兩側梨子的重量和力臂不變，而右邊的梨子方向變了。從天平上看，物理上仍是平衡的；但視覺心理上，因梨子向右傾斜，產生了向右的力感，就感到不均衡了，如圖4-4。如果在距中心點的位置調整力臂，仍可取得視覺心理上的均衡，如圖4-5。

兩個梨子的重量和力臂均相等，但左邊為淺色梨子，右邊為深色梨子，人們在視覺心理上感到深色梨子比淺色梨子重，如圖4-6。

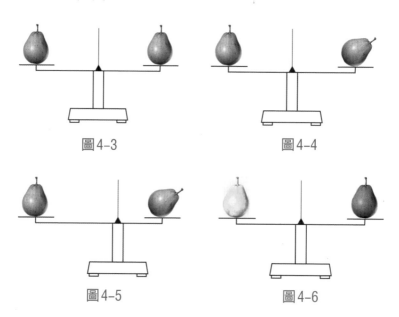

圖4-3　　　　　　　　　　圖4-4

圖4-5　　　　　　　　　　圖4-6

以上情況表明：①除了重量和力臂等物理平衡條件外，物象的方向、明度（深淺）等都是構成視覺心理均衡的條

件。視覺均衡雖借用物理平衡，但並不嚴守物理法則；②
生活中物象的實際重量同盆景造型在人的視覺心理上引起
的重量感是有差別的。

（二）物象在人的視覺心理上的重量差異

　　視覺上的均衡，都是感覺上的均衡。物象在均衡中的
所謂重量，並不是物理意義上的重量，而純屬心理意義上
的重量。人在視覺心理上對物象的重量感是不能完全量化
的，其重量感與這些物象對人們生活的重要性及密切程度
緊密相關。其重量感的大體順序如下：

　　⑴人重於其它動物，如圖4–7。

　　⑵動物重於人造物，如圖4–8。

　　⑶人造物重於植物，如圖4–9。

圖4-7

圖4-8

圖4-9

圖4-10

(4)植物重於其它自然物質，如圖4-10。

在圖4-7至圖4-10中，儘管畫面左右兩邊物象的大小和實際重量有差別，但視覺心理上感覺是均衡的。懂得了視覺心理上的均衡和各種物象在人們視覺心理上的重量差異，我們就可以在盆景（特別是山水盆景）造型中，主動合理地利用這些因素，如透過調整山石、樹木及擺件（房屋、船、人物……）的大小、位置等取得均衡。使作品既生動活潑、富有變化，又顯得和諧穩定，給人以視覺上均衡的愉悅美感。

（三）均衡的兩種基本形式

1. 對稱式均衡

畫面或盆景的中心線兩側的物象相同或近似，與中心線距離相等，形成對稱狀態，通常叫「對稱」。對稱的形象肯定是均衡的，也是統一的。這種對稱式均衡的造型，

在日常生活中隨處可見，如建築物、室內佈置、生活用具、服裝……如圖4–11。然而它在繪畫與盆景造型中運用較少，即使運用，也多屬於近似對稱：左右對應物象形態有別，重量感相等；或外形相似，內部結構有別，也就是主要部分統一，次要部分變化。如崔培華的中國畫《昭君的錦囊》（圖4–12）。

圖4–11

圖4–12

　　盆景中的直幹式（大樹型）造型，有的近似對稱。它的樹幹不論是垂直向上，或彎曲向上，其重心基本上落在樹幹的中心。雖然左右枝條的內部結構有些不同，但左右兩邊的外形基本上是相似的，近似對稱的盆景肯定是均衡的。

　　對稱式均衡的盆景造型，是統一多於變化，給人以穩定、莊重、平靜之感，西方盆景中常有這種形式的造型（圖4-13）。

圖4-13

2. 非對稱式均衡

　　繪畫和盆景的非對稱式均衡，是指中心線兩側的物象形態不同。由調整物象的量、力臂和運動方向，使兩側視

覺心理上的重量感相等，從而形成非對稱式均衡。它以變化為主，在變化中求得統一和均衡。非對稱式均衡的造型比較生動活潑，富有動感。如莫伯華的中國畫《雙禽圖》（圖4-14）、馮連生的盆景《鐵枝崢嶸》（圖4-15）。

圖4-14

圖4-15

　　人們大都採用非對稱式均衡進行繪畫構圖和盆景造型，因而作品千姿百態，風格各異。國畫大師潘天壽先生說過：「畫材佈置於畫幅上，須平衡，然須注意靈活之平衡。」「靈活之平衡，須先求不平衡，而後再求其平衡。」潘先生是說，要在不均衡中求均衡，在變化中求均衡。這正是盆景運用均衡這一形式美法則的要領和關鍵。

(四)盆景造型如何取得均衡

　　盆景中的斜幹式、臨水式、懸岩式等造型,其樹幹(主體)偏向一邊生長,重心偏離主幹的基部(栽植點),左右形態不對稱,構成了不均衡的態勢。在日後的盆景造型過程中,可用以下方法取得非對稱式均衡。

1. 由枝條的長短、方向、位置變化取得均衡

　　圖4-16是由與樹幹反方向的枝條取得均衡;又如圖4-17,樹幹在盆中重心偏左,而樹幹右下方的枝條位置低而長,是取得均衡的重要因素。

圖4-16

圖4-17

2. 由枝條和樹冠的形狀及方向變化取得均衡

圖4-18，樹幹向右傾斜，給人以險象。而長滿樹葉的枝條右高左低，直指左下方，破險取得均衡。作品既生動活潑，又和諧穩定。

3. 由調整樹木栽植位置取得均衡

圖4-19，樹勢向左。由於栽植位置靠右，既有動感，也很好地取得了均衡。

圖4-18　　　　　　　　　　圖4-19

4. 由設置相應的擺件取得均衡

圖4-20，是趙慶泉的水旱盆景《飲馬》。左邊山坡下低頭飲水的馬，與高大向右的叢林（面）相比，體積雖然

圖4-20

很小，只是一個點，但人們在視覺心理上，感到左右兩邊
勢均力敵，畫面仍然是均衡的。

5. 由盆和盆架取得均衡

　　圖4-21a 是汪磊的黑松盆景。盆景樹冠向左下傾斜，
無盆架時，左重右輕，感到不夠均衡；一旦置於盆架後，
增加了右邊的重量感，就顯得均衡了。圖4-21b，長形的
千筒盆是畫面取得均衡的主要因素。

　　下面賞析兩件盆景作品：

　　圖4-22a，這件松樹盆景作品，樹幹的勢向左。作者
塑造了一支向右的飄枝，以使樹冠外形產生變化。但是，
飄枝上揚，左重右輕，無法使畫面獲得均衡，使人感到很
不舒服。作者在換盆時，改變了樹樁的栽植角度，使樹幹
稍向右轉，飄枝也隨之向右下傾斜，既有動感，也較前者

圖4-21a

圖4-21b

圖4-22a

圖4-22b

更均衡穩定了（圖4-22b）。

　　圖4-23a是牛建國培育多年的榆樹盆景。樹幹蒼勁向左，枝條工整秀麗，統一向右下傾斜。上盆後，作者感到右重左輕。於是在左邊放置了人物和石頭，仍感不夠均

圖4-23a

圖4-23b

衡。後來作者將某些枝條的方向進行了調整，將左邊枝條改爲向左下方向伸展；剪短右下方的枝條，蓄長左下方的枝條，這樣畫面就顯得均衡協調了（圖4-23b）。

圖4-24

圖4-24，作者將這件金枝玉葉盆景擺在幾架的左邊，右邊擺一件小盆景。畫面既變化又均衡，爲盆景增色不少。所以，盆景的擺設對形成畫面的均衡也十分重要。

五、比　例

　　比例，是指分割的大小，主要指長度上整體與局部、局部與局部之間的數量關係。在盆景造型上，要做到形式美，必須使整體與局部、局部與局部在長度比例的分割上，求得一個恰當的、和諧匀稱的數量關係。古人所謂的「增之一分則太長，減之一分則太短」，就是指的這種理想的比例關係。

(一)黃金分割

　　什麼樣的比例關係才能引起人的美感呢？古希臘人最早發現了黃金比例關係——黃金律，也就是「黃金分割」。

　　什麼叫「黃金分割」？假如有一線段為 AB，C 點把 AB 分割成兩部分：AC 和 CB。AC 和 CB 的比例如何成為黃金分割？

　　其公式為：AB：AC＝AC：CB。

　　即，全長：長邊＝長邊：短邊

　　這樣分割的比例就是黃金分割比例。

　　如何用數字來表示黃金分割比例？

　　設線段 AB 為 1，AC＝X。那麼 CB＝1－X

　　黃金分割要求　AB：AC＝AC：CB。

　　所以 1：X＝X：（1－X），

列爲一元二次方程爲：$X^2+X-1=0$，$X=0.618$

0.618處就是黃金分割點C的位置（圖5-1），

1：0.618就是黃金比，0.618：0.382也是黃金比。

用黃金比的兩條線段作爲長和寬構成的長方形，叫黃金長方形（圖5-2）。

在黃金長方形ABCD中，按CB長度，在AB及DC線段上找出E、F兩點，作EF連線。再按此法找出G、H兩點，作GH連線，EF線和GH線爲長方形ABCD的黃金分割線。

同樣在BC及AD線段上，找出黃金分割點I、J、K、L，並作連線，IJ線和KL線亦爲黃金分割線。4根黃金分割線在長方形中的四個相交點爲黃金分割點（圖5-3）。

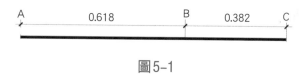

圖5-1

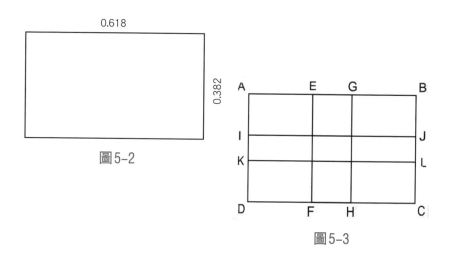

圖5-2

圖5-3

(二)盆景造型怎樣運用黃金分割

　　繪畫構圖與盆景造型，並不要求嚴格的數字計算，可將1：0.618簡化為3：2，5：3或8：5等。只要是直觀感覺到協調的比例，都可以視為黃金比。按照黃金比進行的分割，就是黃金分割。講究在比例分割上不要等長，要有變化。

　　法國著名畫家米勒的油畫名作《牧羊女》，其人物、地平線都安排在黃金分割線上，使天空與地面、牧羊女左右兩邊的地平線在長短比例上有了變化（圖5-4）。服裝設計中的衣和褲、衣和裙的長度比例，也多採取黃金分割（圖5-5）。建築、日常用品等，也常運用黃金分割進行造型。只要我們平常留意觀察，就可以從中得到啟發（圖5-6）。

　　在盆景造型中，怎樣進行比例分配，使整體與局部、局部與局部的長短比例關係合度而有變化，符合黃金分割（3：2，5：3和8：5）的要求呢？

圖5-4

圖5-5

圖5-6

1. 外形的比例分割

　　盆景外形高與寬的比例一般都不應等長。圖5-7、圖5-8兩件作品，外形雖有橫豎之別，但高與寬的比例有變化，基本上爲黃金長方形。

圖5-7

圖5-8

2.樹冠與樹幹及盆的比例分割

圖5-9a，樹冠、樹幹及盆的比例幾乎相等，太統一而無變化，顯得呆板。圖5-9b，改用淺盆後，樹冠、樹幹、盆及盆架的高度比例，既有變化又很合度協調。

圖5-9a   圖5-9b

3. 樹與樹之間的比例分割

圖5-10是黃翔的《同一片陽光下》。這件叢林式盆景的樹幹，在相互間距離及高低的比例分配上，幾組樹幹之間和每兩棵樹之間都有變化。可謂疏密有致，宛若天成。這不是繪畫，不可能像畫家那樣隨意揮灑。足見作者在養護和造型時，在比例的分割上下了一番功夫。又如圖5-11，是一件國外的叢林式盆景，叢林的樹幹像一排整齊的籬笆，相互間的距離沒有比例上的變化。好在樹幹有錯

圖5-10

圖5-11

落，枝條之間的距離和樹幹被枝條分割後的比例都有變化。它與前者風格顯然不同，以統一爲主，給人一種對稱整齊的裝飾美感。

圖5-12

4. 枝條之間的比例分割

圖5-12，整個樹冠由大小長短不同的橫向枝條構成，左右兩邊的枝條與空白之間的比例分割，以及樹幹被枝條遮擋後，分割成幾段的比例均有變化。整個盆景的樹冠、樹幹和盆之間比例在變化中又自然和諧。而圖5-13，樹冠兩邊的枝條與空白的比例分割幾乎相等，統一中缺少變化。

圖5-13

　　圖5-14a，松樹的三個枝條之間的比例分割幾乎相等。去掉下面一個枝條後，比例分割就有了變化（圖5-14b）。

圖5-14a

圖5-14b

5. 樹幹、樹枝轉折的比例分割

　　圖5-15a 是鄭志林的黑松盆景。其樹幹轉折，除有方圓頓挫變化外，在轉捩點（紅色點）的比例分割上也有長短變化（圖5-15b），反覆產生的節奏變化優美流暢，顯得很有力度。而圖5-16是一種裝飾風格很強的規則式盆景。其樹幹弧線轉折的比例幾乎相等，缺少變化，人工製作痕跡比較明顯，看多了就覺得單調乏味。

圖6-15a

圖6-15b

圖6-16

六、對　比

　　對比也是形式美法則之一。在視覺藝術中，對比是指兩個形象的某一特性在程度上進行的比較，目的是使對比雙方的可比成分得到強調。

（一）對比的作用

　　「紅花雖好，也要綠葉扶持。」透過色彩對比，紅花被綠葉襯托得更加鮮豔奪目。運用對比，可以增強對視覺的刺激程度，突出主體，給人以強烈、醒目的視覺效果，增強作品的藝術感染力。

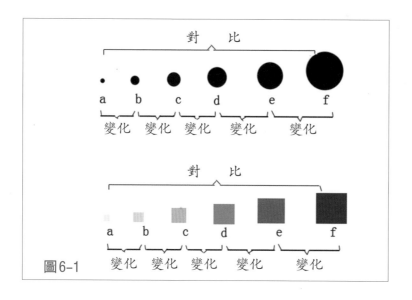

圖6-1

圖6-2

圖6-3

對比必須差異顯著。差異小，只能形成變化，不能形成對比。只有某一可比成分的差異強烈顯示時，對比才有可能形成。圖6-1中，a與b，b與c，c與d，d與e和e與f差異小，只能形成變化；相對而言，a與f差異大，就形成了對比。圖6-2咫尺紙上的摩天大樓，透過與周圍的物象（如行人、車輛等）進行體型上的大小對比，就能顯示其高大雄偉的風貌。

（二）對比的手法

對比的手法十分豐富。不同的藝術形式運用的對比手法不盡相同。就繪畫而言，中國畫、油畫、水彩、版畫等，因使用的工具材料和表現目的不同，對比手法也有差別。

齊白石的中國畫《蛙聲十里出山泉》圖6-3，把泉水抽象為線，把泉邊的坡岸抽象為黑色的面。相比之下，蝌蚪為點，構成了大（面）與小（點）、粗（面）與細（線）、曲（水的曲線）與直（坡岸的直線）的對比，亦形成了黑白對比；而蝌蚪在對比中顯得十分醒目。

　　樹木盆景造型，是運用活的樹木作材料，對比手法受到很大局限，只能利用樹木本身的幹、枝、葉、花、果等構成的點、線、面，進行粗細、大小、曲直、疏密、虛實、枯榮等方面的對比。在一件作品中，只能根據素材條件和創作構思選用這些對比手法，其中疏密對比和虛實對比是盆景造型中最主要和最常用的對比手法。

1. 疏密對比

　　形象聚在一起為密，形象分散為疏。疏密也是相對而言的，互相襯托的。在用線進行表現的繪畫作品中，疏密對比是一種經常運用的造型手段。明代畫家陳老蓮的《西廂記》（圖6-4），畫家用線強化疏密對比，如密的荷葉襯托出疏的荷花、密的芭蕉葉襯托出疏的人物衣紋，特別是密集烏黑的頭髮使人物十分醒目。透過疏密對比，畫面主體突出又層次分明，極富節奏感和韻律感。

　　盆景造型運用疏密對比，可以透過修剪使枝幹過密的

圖6-4

圖6-5

部位變疏;由蟠紮將樹枝分散的部位變密。目的是使整個樹枝做到密中有疏,疏中有密;密中有大密,疏中有大疏;疏密相間,錯落有致。圖6-5是黃翔的水旱盆景《溪山流韻》。

樹枝形態生動自然,極具畫味。由於作者成功地運用了疏密對比,有張有弛,做到了「密不透風,疏可走馬」,在觀眾心理上產生了強烈的形式美感。

　　有些已經成型的樹木盆景作品,如榆樹、樸樹、對節白蠟等,樹葉生長較快,枝幹和空白很快就被枝葉遮蓋,只有密而沒有疏(圖6-6a)。所以必須適時進行修剪和蟠紮,使枝幹的某些部位露出來,並塑造好空白,這樣不僅會形成疏密對比,枝幹和葉片也會形成線與面的對比(圖6-6b)。

圖6-6a

圖6-6b

2. 虛實對比

就可視形象而言，有形為實，無形為虛，形有黑（深色）有白（淺色）。白色的形要由黑色襯托，黑色的形也要由白色襯托才能顯現。圖6-7是清代畫家龔賢的山水畫《千岩萬壑圖》（局部）。深色的山巒襯托著白雲，淺色的白雲襯托著山巒，在白雲的襯托下，山巒更加醒目。這就是黑白互襯，互為虛實。由虛實對比，形象更加突出。

中國畫論中的「虛實相生，無畫處皆成妙境」「計白當黑」「知黑守白」告訴我們：形（無論是黑或白）是由對比襯托出來的。塑造實形和塑造虛形（空白）同樣重要。

盆景造型，不論深色盆景由淺色背景襯托，還是淺色盆景由深色背景襯托，有形處為實，無形的背景（空白）為虛，密處為實，疏處為虛。因而疏密對比實質上也是虛實對比。

在盆景造型中，一般人在佈局時，只看樹幹、樹枝，

圖6-7

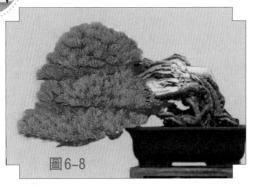

圖6-8

不看空白；只注意布實，不注意布虛（空白）；只考慮枝、幹的生長和造型，不考慮空白的保留和塑造，以為空白是自然形成的。樹木盆景不同於繪畫，它是活的有生命力的藝術品，它的形在不斷增長和變化，枝葉會越來越豐滿，空白會越來越少。所以透過蟠紮和疏剪，保留和塑造空白十分重要。圖6-8，此盆景樹木難得，養護得非常好，但葉片之間沒有留出空白，只有實面，沒有虛面，好像房間沒有窗戶一樣，顯得十分閉塞。

下面欣賞一件美國國家盆景博物館的雪松盆景。先看圖6-9a，這是2003年的樹相。作者既塑造枝幹和葉團（實面），也同時塑造空白（虛面）。再看圖6-9b，這是2008

圖6-9a

圖6-9b

年的樹相。經過5年的養護與造型，雖然枝葉比前豐滿，但作者始終不忘記塑造空白。適時地進行疏剪和蟠紮，保留葉團與枝幹之間形成的大小空白，由虛實對比，使枝幹、葉團和空白的美都得到展示，整個樹態也愈來愈漂亮。

　　如何界定樹木盆景的空白呢？我認為樹木盆景的空白有兩種：一種是被樹幹，樹枝和葉團圍成的空白。因為它像窗戶，有人叫它為窗形空白；一種是樹枝、葉團和樹冠周邊形成的空白，因為它一邊敞開，沒有圍死，所以叫它為開放空白。窗形空白的形狀，容易界定。而開放空白的形狀如何界定呢？我們可以將外形的突出點作連線來界定它的形狀，看它美不美。

圖6-10

　　圖6-10，是鄭志林的松樹盆景，黃色區域為窗形空白，藍色區域為開放空白。這件作品的樹幹及枝條之間形成的窗形空白，和四周開放空白的形狀都有變化，不是規整的幾何形。因此，整個樹態十分生動優美。掌握這種觀察和界定空白的方法，在審視盆景和處理空白時，才不至於憑感覺行事。

　　許多書上講：「切忌平行枝。」平行枝為什麼不美？用空白形來衡量，就很容易理解。圖6-11，兩枝平行，作

圖6-11

圖6-12

連線界定的開放空白為規整的四邊形，因此顯得機械呆板。圖6-12，是趙慶泉的水旱盆景《聽濤》，疏密相間的樹幹都向左彎曲。為了避免樹幹平行，作者讓樹幹彎曲的角度稍有差別，加上枝條的穿插和坡地弧度（包括冒出的那塊小石頭）的變化，使樹幹之間形成的窗形空白和開放空白（虛面）形狀各異，都不是規整的幾何形，而且大小相間，既和諧又富有節奏變化。

圖6-13

圖6-13是明代畫家沈周的山水畫《臨戴進謝安東山圖》（局部）。畫中的松樹枝幹蒼勁有力，形成的窗形空白和開放空白形狀多

變，都不是規整的幾何圖形。濃濃的枝葉下露出的小枝（線）形成許多小空白，形成線與面、虛與實的對比。整個枝幹節奏優美，很有韻律感。

　　圖6-14，是潘仲連的松樹盆景《劉松年筆意》，樹幹之間和橫向生長的枝條之間形成的窗形空白和開放空白，都是不規則的幾何圖形。特別值得一提的是：層層針葉下露出的樹枝所形成的小空白，這是經作者蟠紮和修剪後刻意留出的點睛之筆，目的是製造虛與實、線與面的對比。與山水畫《臨戴進謝安東山圖》運用對比手法一樣，富有畫意，體現了作者創作中對劉松年筆意的追求。但是，有些盆景作品，只注重蓄枝葉，不注意蓄空白；枝條上密集的針葉使樹冠成了一個大面，看不到樹枝（線），看不到枝條之間形成的空白，更看不到經過修剪和蟠紮後露出的小枝和空白（圖6-15）。只有實沒有虛，只有面沒有線，只有「肉」沒有「骨」，缺少虛實對比，要想表現出松樹

圖6-14

圖6-15

的精神風貌是不可能的。

　　我們要學會留空白，養成看空白形和塑造空白的習慣。空白形是虛面，無論是窗形空白或開放空白，所形成的虛面都不應該是機械的規則的幾何圖形。如果是三角形、四邊形或多邊形，最好是不等邊、有變化的。同時，還要從整體出發，注意空白的大小變化，讓空白虛面反覆形成優美的節奏變化，可謂「無畫處皆成妙境」。透過虛實對比，不僅突出了主體，而且做到「筆盡意無窮」，給觀眾留下遐想的空間。

3. 大小對比

　　在自然界中，形成大小對比的景象比比皆是。圖6-16a是美國西海岸的景觀，山崖與山崖上的樹形成大小對比。圖6-16b是牛建國的樹石盆景《奇峰獨秀》，他運

圖6-16a

圖6-16b

圖6-17

用了大小對比的手法，透過山崖與小樹的對比，使山崖顯得更加雄偉險峻，小樹更加秀麗可愛。圖6-17是馮連生的水旱盆景《赤壁春曉》。由大樹與小樹以及山石的大小對比，造成

圖6-18

一種近大遠小的縱深感，豐富了畫面的空間層次，給人以身臨其境之感。在水旱盆景中，人們常常利用小人、小動物、小建築、小船等擺件與山石、樹木進行大小對比。圖6-18是張夷的《鄭燮筆意、冗繁削盡留清瘦》。在咫尺的盆中，由於小船的對比，人們在石頭做成的假山面前，有高山仰止之感。

圖6-19a

4. 粗細對比

　　圖6-19a是黃翔的樹石盆景《雲山一覽》。在粗壯的山石對比下，樹枝顯得纖細輕柔，而山石卻顯得更陽剛挺拔。圖6-19b是左宏發的《垂柳迎春》，嫩綠色的柳絲（線）與深色樹幹（面）形成的粗細對比，使各自的美感得以充分展示。

圖6-19b

5. 曲直對比

　　圖6-20是王選民的柏樹盆景《倚劍白雲》。淺色直線的樹幹與深色樹冠和枝條構成曲直對比，有剛有柔；同

時，實面與虛面也形成虛實對比，給人以強烈的形式美感。圖6-21，作者巧妙地利用長直線的盆架與曲線的樹冠（面）進行曲直對比，給作品增色不少。

圖6-20　　　　　　　　圖6-21

6. 藏露對比

圖6-9b和圖6-12，樹幹和枝葉互有遮擋，有前有後、有藏有露。形態在統一中有變化，豐富了景物的空間層次。

7.枯榮對比

圖6-22是胡樂國的刺柏盆景《風雪練精神》，枯老蒼勁的深色樹幹與茁壯生長的新枝綠葉對比。圖6-23是焦

圖6-22

國英的《飽經風霜更知春》，淺色的舍利幹與深綠色的樹冠對比。它們都營造出一種枯木逢春、春意盎然的情景，顯現出一種不屈不撓、積極向上的精神。

圖6-23

8. 色彩對比

在繪畫創作中，色彩對比是主要的表現手段。在盆景造型中運用色彩對比，則有一定的局限性。它不像繪畫創作那樣，可以根據表現需要隨意改變物象的色彩，因為樹木的色彩，只會在不同季節才有變化，所以盆景創作只能利用樹枝、樹葉、花、

圖6-24

果的固有色彩，和選擇適當色彩的盆、盆架、擺件進行配置，才能構成色彩的明度（深淺）對比、色相對比和純度對比等，使盆景的主體突出，色彩更加醒目和諧。

　　圖6-24是張夷的水旱盆景《煙雨江南、湖岸天光》。

土黃色的竹簾（灰）襯托白色的盆，黑色的山和綠色的草地（灰）在白色的盆中，形成黑、白、灰的明度對比。整個畫面明快簡潔，清新別致。盆景是彩色的，一定要注意色彩的黑、白、灰程度。雖然樹木的色彩不能改變，但用的盆、幾架和背景色彩的黑、白、灰（深淺）一定要講究。

　　圖6-25是李先焱的松樹盆景。樹幹為褐色，盆為土紅色，幾架為棗紅色，它們都含

圖6-25

有紅色的成分，色彩是一種調和關係，與綠色的針葉形成
色相（補色）對比。

　　圖6-26是美國國家盆景博物館的三角楓盆景。黃橙色
的楓葉，土黃色的樹幹，黃綠色的青苔，棕紅色的盆，都
含有黃色的成分，它們在灰色背景的襯托下，既對比又和
諧，顯得既豔麗又十分協調。

圖6-26

　　圖6-27是韓學年的山松盆景《霧峰行》。黃綠色的針葉配藍綠色的盆，十分協調，與土紅色的幾架和赭色的樹幹形成對比（還有樹幹與幾架構成的曲直對比），相互襯托，十分和諧。

　　在盆景造型中，必須強調和塑造對比，增強作品的藝術感染力。沒有對比的作品是平庸和乏味的。但是當對比居主導地位時要控制好度，不能忽視和諧。不和諧的對比只能讓人感覺不舒服而失去美感。

圖6-27

七、節　奏

在日常生活中，節奏一詞經常使用，如「生活很有節奏」，是指天天按時工作、學習和休息，生活有規律地反覆交替進行。又如足球比賽中的「加快了進攻的節奏」，是指運動員之間交替反覆地傳球、帶球和射門的速度加快了。

(一)什麼是節奏

節奏，原爲音樂術語。樂曲的節奏是由若干時值和強弱不同的樂音有規律地交替和反覆連續呈現形成的。

在繪畫和盆景作品中，相同或相似的形式要素（點、線、面）有規律地交替與反覆，組成一定的格局，這就是節奏。

不論是聽覺藝術的樂音，還是視覺藝術的形象，交替與反覆出現才會形成節奏；只有相同或相似的形象反覆出現才能形成節奏。例如，天空中只有一朵白雲，沒有節奏感；而不同大小、形態相似的白雲交替反覆出現，便形成了節奏（圖7-1）。如果樂曲中只有一個

圖7-1

音，畫面上只有一個點，沒有反覆出現，或反覆出現而形態差異太大，都是不能形成節奏的。

(二)節奏有哪些形式

1.形象相同反覆形成的節奏

這是指物象的形狀、大小、方向、間隔相同，反覆出現形成的節奏。圖7-2中的節奏具有規整、統一的特點。日常生活中的許多造型，也常常運用這種節奏形式，圖7-3中，窗戶、欄杆和樹的形狀、大小和間隔等，都是相同的形象在反覆出現，給人一種整齊有序的裝飾美感。這種節奏形式在盆景造型中基本上不用。

圖7-2

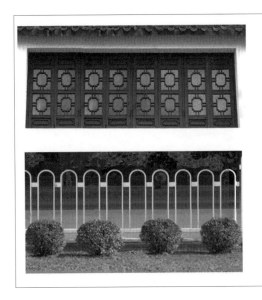

圖7-3

圖7-4

圖7-5

2. 形象交替變化反覆形成的節奏

　　圖7-4，這種節奏形式比前一種略有變化，但仍比較統一。日常生活中也常有這種節奏的造型，圖7-5是樹木一高一低交替反覆形成的節奏。在盆景造型中，這種節奏形式也較少見。圖7-6中的盆景，係人工蟠紮，將樹幹向左向右交替彎曲而形成節奏。彎度缺少變化，人為痕跡明顯，不夠自然。

圖7-6

3. 形象漸變反覆形成的節奏

　　形象漸變反覆形成的節奏，指形象的大小、方向、深淺、疏密等因素，自始至終處於遞減或遞增的漸變反覆之中（圖7–7）。這種節奏形式在統一中有規律地變化，較之前兩種節奏形式活躍。在日常生活中，也常有這種節奏形式的造型，圖7–8白牆上的窗戶，由下至上逐漸變少；藍色的幕牆，由上至下逐漸變窄。在盆景作品中，這種節奏形式常有運用。圖7–9，樹冠由下至上逐漸變小。圖7–10，枝條大小和間隔相同，像樓梯一樣，從上至下逐級變低。這種盆景造型的節奏形式，雖比前兩種的活躍，但仍比較規則，缺少變化。

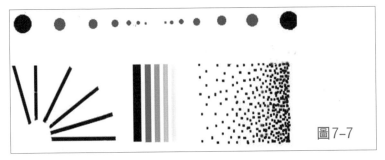

圖7–7

圖7–8

圖7-9

圖7-10

4. 形象相似，有條理的變化反覆形成的節奏

　　圖7-11，這種節奏形式，不是機械的反覆，而是形象相似，大小、間隔、方向等有條理地變化反覆形成的。在自然界和人類生活中，這種節奏形式也隨處可見。圖

圖7-11

7-12是莫伯華在長江三峽的遊船上抓拍的一張照片，岸邊山坡上的一片柏樹林（包括草地），有大小、疏密、位置的變化，柏樹反覆形成的節奏很有動感和韻味。觀賞者的視線，隨著柏樹節奏的起伏而移動，自覺心曠神怡。

　　圖7-13是明代畫家關思的山水畫《松溪漁笛圖》（局部）。畫中松樹的主幹、枝條和樹葉雖然形態相似，但由枝幹的轉折、藏露與樹冠外形弧線反覆變化所形成的節奏，十分優美和諧。

　　這種節奏形式可以形成千變萬化的格局，給人們提供了無限的創作空間。許多構圖新穎、富有個性、給人以深

圖7-12

圖7-13

刻印象的藝術作品，多半都在節奏的格局和秩序的創新上下了功夫。在盆景造型中，這種節奏形式運用得最多。

（三）樹木盆景造型怎樣形成節奏

1. 樹幹轉折反覆形成的節奏

圖7-14、圖7-15，樹幹有轉折彎曲，像蛇形曲線那樣，轉折彎曲的形狀相似而不相同，弧度大小也有變化。樹幹不是機械的反覆，而是在有條理的變化中反覆，節奏自然生動。觀眾的視線，沿著樹幹的曲線移動審視，感到十分流暢自然，美感頓時油然而生。

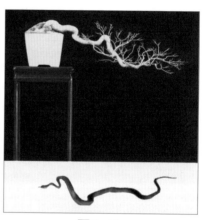

圖7-14　　　　　　　　　　圖7-15

2. 樹枝反覆形成的節奏

圖7-16是汪磊的榆樹盆景。樹枝都向上斜行生長，形態相似，但枝的長短、疏密、出枝位置的高低有變化。在有序變化的反覆中，樹枝的形態、疏密和空白反覆形成的節奏，十分優美自然，很有韻律感。

圖7-16

3. 枝葉密集成面反覆形成的節奏

圖7-17、圖7-18，面均為弧線構成，形狀相似，但面

圖7-17

圖7-18

的大小、位置有變化。在有序反覆中形成的節奏,十分優
美。

4. 樹冠的外輪廓線反覆形成的節奏

圖7-19是蕭遣的真柏盆景。樹冠的外輪廓線,雖然爲
曲線反覆連續形成,每段曲線形狀相似,但弧度的大小、
起伏有變化,因而形成的節奏也十分協調流暢。圖7-20是
張夷的山水盆景《硯邊夢談、月山野風孤綠》。山石的形
狀和肌理相似,山峰與山腳外輪廓高低起伏,以此形成的
節奏也很有變化,給人以強烈的形式美感。

圖7-19

圖7-20

5. 叢林樹幹反覆形成的節奏

圖7-21是鄭永泰的水旱盆景《冬暖韓江》。叢林樹幹
均彎曲傾斜向右,但高低、大小、形態、間隔以及的樹枝

圖7-21

的疏密都有變化，這樣有變化地反覆形成的節奏，引導人們的視線隨著樹的高低起伏移動，感到十分生動活潑。

6. 花、果反覆形成的節奏

花和果為點，有的相聚形成大點，它們形狀相似，但大小、位置和疏密不同。圖7-22是賀蒸的金彈子盆景，果實反覆形成的節奏，既統一又有變化。

圖7-22

有的樹木盆景形成的節奏比較機械單調（圖7-6）；有的則因為某些

因素，破壞了節奏的連續性。圖7-23a，在弧線的樹冠外
輪廓線中，有一段直線，節奏在這裡戛然中斷，很不協
調。如改為弧線（圖7-23b），人們的視線隨著起伏的弧
線節奏移動，心理上會產生一種流暢愉悅的美感。

圖7-23a

圖7-23b

　　上面分別講述和列舉了不同形式要素（點、線、面）形成的節奏樣式。事實上，這些節奏樣式常常同時出現於一件盆景作品之中。它們之間，不論是同步的，還是若即若離的，都要協調互補，不能相互抵觸。

　　在形式美法則中，變化與統一法則是總法則。均衡、比例、對比、節奏等法則是從不同角度對變化與統一總法則的展開與延伸。它們是互相聯繫的有機體。在一件盆景作品中，根據表現需要，幾種法則可以綜合使用。均衡是需要具備的，對比可根據情況選用，而節奏必須富有變化，最終要構成既有變化又和諧統一的藝術整體。

　　盆景造型過程，就是根據不同的創作素材運用形式美法則的過程。掌握了形式美法則的基本理論知識，就可避免盲目地摹仿和摸索。由不斷地實踐，積累經驗，提高審美水準和塑造美的能力，才能理性地運用形式美的基本規律進行盆景造型。

八、盆景造型構成形式美的要點

　　盆景造型與其他視覺藝術不同，有其自身的藝術特點。與繪畫相比，樹木盆景所表現的物件是活生生的具有三維空間的立體植物，並且是完整的植物。不論是一棵樹或是叢林，它會不停地生長，需要不斷地進行造型，可以說盆景創作是永無止境的。而繪畫（如花鳥畫）則可以截取某一局部（如一兩枝）在平面的紙上進行描繪。一旦完成，畫家的創作就終止，而作品則可以長期保存，供人觀賞。

　　盆景與其他視覺藝術的造型形式、材料和方法是不同的。我經過多年的實踐，認識到盆景造型除了應掌握視覺藝術的形式美基本法則之外，還必須把大家從事盆景創作的經驗總結起來。當然這些經驗必須有規律性和現實指導意義。我將它們稱爲盆景造型構成形式美的要點。

　　這些要點與前面講的形式美法則是緊密聯繫的，是對前者的豐富與展開。這些要點還需要大家在今後的盆景創作實踐中不斷豐富與完善，使盆景造型和其他藝術造型一樣，有規律可循。讓更多的盆景愛好者掌握盆景造型中塑造美的奧秘，少走彎路，透過創作實踐，儘快提高自己的創作水準。

九、佈　勢

　　中國畫論中的置陳與佈勢都是指構圖。所謂置陳，就是指章法和佈局，即指畫面上形象的配置與組合所形成的形式結構。而形式結構所表現出來的總體趨向，即運動的傾向性，就叫做「勢」。

　　勢是統率全域的綱，在中國山水畫中稱「龍脈」。古人云：「遠望之以看勢，近望之以取質。」所謂「遠看勢」，就是指人們觀看景物時，首先要從整體和全域上去把握整體氣勢；所謂「近看質」，是指在抓住整體氣勢的基礎上，再深入觀察和研究局部、細部。唐岱在《繪事發微》中云：「人有行走坐臥之形，山有偏正倚斜之勢。故畫山水起稿之局，重在得勢，是畫家一大關節也。」優秀的繪畫盆景作品，首先應從整體上得勢，即在整體形象上給人以強烈的視覺衝擊，同時局部也要在與整體協調的基礎上精彩耐看，這就是佈勢。

（一）樹幹是形成樹勢的主體

　　樹木盆景以樹為主體。樹栽在盆中，樹幹從盆中向外生長，樹幹的形態和生長方向對勢的形成起主導作用，是形成勢的主體。

　　勢有靜勢與動勢之分。大千世界生生不息，宇宙萬物運

動不止。運動變化是永遠的，絕對的；靜止是暫時的，相對的。動，始終是矛盾的主導方面。

樹幹生長的方向，可以形成兩種態勢：

①靜勢：樹的重心落在樹幹基部內。圖9-1是直幹走勢，樹幹由下（樹腳）向上（樹頂），爲靜勢。

②動勢：樹的重心偏離樹幹基部。圖9-2中有臨水、斜幹、曲幹、懸崖這幾種走勢，樹幹的方向和重心偏離樹腳，爲動勢。

上面講的是樹幹的幾種基本走勢。要把樹幹的勢塑造好，並具有一定的個性和特色，就需要作者的審美眼光和創新意識。圖9-3是韓學年的山松盆景《霧海探影》。經

圖9-1

圖9-2

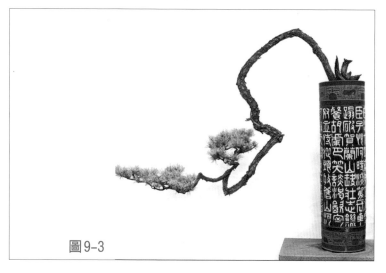

圖9-3

作者蟠紮扭曲後的樹幹，轉折的比例、頓挫、方圓等均有變化，形成的動勢非常優美，使人過目難忘。這是作者的審美積澱和藝術修養的表露，不是僅有手頭功夫就能做到的。所以在製作盆景一開始裁剪樹材時，就要考慮樹木主幹的走勢，並選擇好栽植角度，定好樹勢，讓樹枝朝樹勢要求的方向生長。

(二)樹枝在確立樹勢中的作用

雖然樹幹是形成勢的主體，但樹枝的數量、長短、方向、位置等，是形成勢、加強勢、改變勢或影響勢的重要因素。

當樹枝的方向與主幹的勢大方向一致時，可以加強主幹的勢。圖9-4樹枝的勢與主幹的勢均向左。

圖9-4

　　當樹幹左右兩邊樹枝的數量、長短不等時，樹木的勢趨向樹枝多（圖9–5）、樹枝長（圖9–6）和樹枝出枝位置低（圖9–7）的一方。飄枝、探枝、瀉枝長於其他枝，能改變和加強樹冠的勢，增強動感，打破四平八穩的呆板局

圖9–5

圖9–6

圖9–7

面，使樹冠生動活潑。圖9-8a中的飄枝，圖9-8b中的瀉枝，分別將樹勢引向右方和右下方，對加強樹的動勢、增強動感起了重要作用。

　　大多數樹枝的方向與主幹勢的方向不同，且趨勢大於

圖9-8a

圖9-8b

樹幹時，樹枝可以改變主幹勢的方向，樹枝成爲主勢，動感極強（圖9-9）。

圖9-9

　　安排少數與主勢反方向的枝幹，可以使盆景取得均衡，做到動中有靜，和諧穩定（圖9-10）。

　　在一件盆景作品中，可以有輔勢，但只能有一個主勢。俗話說：「勢不兩立。」勢的趨向多了，主輔不分，就會互相抵消，互相牽制，影響主勢。如樊順利的松樹盆景在養坯時（圖9-11a），一枝幹向左上方，一枝幹向右方，形成兩個

圖9-10

方向的勢，且力量相當，難分主輔。造型時，作者大膽進行裁剪，去掉一幹，並進行蟠紮，確立了枝幹虯曲向右的勢，統一又富有變化，作品格調得到了提升（圖9-11b）。

圖9-11a

圖9-11b

　　樹勢確立以後，在樹枝的培育和造型過程中，由修剪和蟠紮來塑造樹枝的形態、長短、生長方向時，始終要根據樹勢的整體要求來進行。

　　圖9-12a是方志鵬的羅漢松盆景。主幹向左傾斜，好幾個樹枝右高左低，樹勢向左。而長飄枝向右伸展，削弱了向左的樹勢，樹勢有點模棱兩可。可以由截短長飄枝，加強向左的樹勢。但作者捨不得長飄枝，決定將樹幹栽正，調整樹枝的角度，最後形成了向右的樹勢。

　　圖9-12b是經過幾年的養護與造型後的樹相。我們在對樹枝進行蟠紮和修剪時，不要孤立地看一個個的樹枝，把它修剪整齊就了事。一定要在審視整體樹勢的基礎上來確定樹枝的形態和走向，這一點非常重要。

圖9-12a　　　圖9-12b

（三）樹冠外形對勢的影響

　　在樹葉茂密，樹枝和樹幹被樹葉遮掩的情況下，樹冠的外形也是影響勢和改變勢的重要因素。

　　當樹冠為對稱形，平置居中時，樹冠重心位於樹幹基部，左右力量均等，為靜勢（圖9-13a）；樹冠雖平置，但樹冠重心偏離樹幹，就變為動勢了（圖9-13b）。樹冠斜置時，重心和樹勢趨向樹冠低的一邊，也是動勢。傾斜度愈大，動感愈強（圖9-13c）。

圖9-13a

圖9-13b

圖6-13c

圖9-14

當樹冠為不等邊三角形時，不論置於什麼角度，其勢的方向都趨向三角形最小的角。圖9-14中，樹冠的不等邊三角形最小角向右，為向右的樹勢。

當樹冠的勢與樹幹的勢方向一致時，可加強主幹的動勢（圖9-15）；與主幹的勢相反，且趨勢大於樹幹時，可以改變樹勢的方向（圖9-16）。

當樹冠與樹幹的勢發生矛盾，且主勢被削弱過多時，就不能以一方為主形成樹勢。圖9-17a，樹幹向左彎曲，為向左的勢。而右邊下面的飄枝低而長，樹冠形成的不等

圖9-15

圖9-16

邊三角形趨向右下角，與樹幹的勢發生矛盾，有向右拉的感覺。整個樹勢感到有點彆扭。而左邊下面的枝出自主幹的凹弧線內，這種情況少見。不如將該枝去掉，使樹冠構成的不等邊三角形向右的趨勢更明顯，把樹幹的勢轉向右方，並將栽植點左移，使勢的趨向更明確，就會給人和諧穩定的美感（圖9-17b）。

圖9-17a　　　　　　　　　　　圖6-17b

(四)勢的不同形態與品格

盆景造型中，動勢盆景居多。但任何事物都是相對而言的，沒有靜也就沒有動。如果大家清一色地創作某一種動勢盆景，人們看多了也就乏味。相反，在眾多的動勢盆景中，有幾件靜勢盆景（以靜為主，靜中也應寓動），反而會引人注目。更何況人們的愛好不同，所以在盆景創作中，切忌「一窩蜂」，千人一面創作成一種態勢。

勢是一種趨向，但有不同的風格。有似奔騰的江河，一瀉千里；也有似淙淙小溪，輾轉曲折。勢的形態有各種類型：有的像孔雀開屏（圖9-18），有的似鯤鵬展翅（圖9-19），有的像龍蛇舞動（圖9-20），有的似海底撈月（圖9-21）……不同態勢的作品會呈現不同的品格：有的外露，有的含蓄，有的雄偉，有的飄逸，有的飛揚，有的盤曲，有的險絕……勢是作者心靈的軌跡以及思想感情的呈現和流露，也是作者審美情趣、審美取向的結果。

　　盆景的勢是由樹幹、枝條、樹冠等來體現的，它們的培育需要數年甚至更長的時間。從盆景造型開始，作者就要有明確的佈勢藍圖，把握好全域，依照勢的龍脈，一步一步地進行塑造，使作品在完成時

圖9-18

圖9-19

達到預期的效果。要使一件盆景作品具有強烈的個性，其態勢讓人過目難忘，需要作者因材施藝、大膽創造和巧妙佈勢。

圖9-20

圖9-21

十、外形塑造

圖10-1

盆景和繪畫一樣，首先引人注目的不是它的局部形象，而是整體外形。富有鮮明個性的外形總是先聲奪人，給人以強烈的第一印象。正如法國著名畫家安格爾所說：「一個高貴的輪廓足夠抵消靈感的缺乏、枯燥單調的筆法和笨拙的著色。」不少人看了羅丹的《巴爾扎克》全身人像雕塑後，都讚揚塑造得很精彩的那雙手。羅丹對此極為不滿，他說：「一件真正完美的藝術品，沒有任何一個部分是比整體更加重要的。」於是他用斧頭砍掉了那雙手，使呈現在觀眾面前的巴爾扎克的整體形象更加突出，更加完美感人（圖10-1）。

（一）外輪廓和形式線

繪畫是在限定的畫面裡描繪物象，既可以描繪某個物象的全部，如明代畫家沈周在《京江送別圖》（局部）中畫的

圖10-2

兩組完整的樹，經過畫家的藝
術處理，就像兩件盆景作品，
枝幹和樹葉構成的整體外形都
十分美觀（圖10-2）；繪畫也
可以只描繪物象的某些局部，
只要求把畫面裡的局部形象的
整體外形塑造好（圖10-3）。
樹木盆景不可能像繪畫那樣，
只表現物象的局部，任何時候
展現在觀眾面前的都是它的全

圖10-3

部。而且周圍的空間沒有限制，也不能進行遮擋和虛化。
因此對整體外形的塑造尤為重要。

　　抓整體外形塑造，就要抓樹木枝幹構成的大框架，把
握住造型的大關係、大感覺，這是盆景造型自始至終極其
重要的一環。為了使整體外形鮮明有力，氣勢撼人，增強
作品形式的感染力，盆景造型時必須將鬆散、繁雜的素材

形象，概括歸納爲最簡潔的幾何形態，把局部和瑣碎的形象組合成爲藝術的整體，賦予外形新的創意和形式，以表達作者的審美追求。這裡講的是反映物象整體框架的外形，有時指物象組合後的外輪廓，如圖10-4中，高低錯落，大小不同的枝條生長在曲折多姿的樹幹上，構成的大框架和樹冠外輪廓在統一中富有節奏變化，十分優美；有時指對視覺刺激最強和最具形式感的物象結構線，即形式線，如圖10-5中，觀眾眼前爲之一亮的是那樹幹構成的富有曲直、頓挫變化的形式線，生動自然，很有力度感和流動感。

圖10-4

圖10-5

　　在樹木盆景造型中，主幹、主枝的形態決定盆景整體框架和外形。尤其落葉後，樹幹、樹枝裸露所構成的整體框架（形式線）是否具有形式美是造型的關鍵；而當樹葉半遮半掩地覆蓋了樹幹和樹枝時，所組成樹冠的整體外形（外輪廓）成了造型的重點。在盆景展覽會上，樹幹和樹枝造型比較過硬的盆景，一般都摘葉展出，以展示寒枝美的風采，如優秀的嶺南盆景作品——陸學明的《酡顏弄舞腰》（圖10-6）；而有的樹幹、樹枝欠佳的速成盆景作品，則只能用葉片來掩蓋枝幹造型的缺陷（圖10-7）。

　　這有點像人穿衣服，身材輕盈窈窕的女性，敢以泳裝示人，以展示身材的曲線美；而身材肥胖或消瘦的女性，則只能靠服飾來彌補身材的不足。一件優秀的盆景作品，不僅在有葉時整體外形很美，而且在落葉後，樹幹與樹枝形成的形式線也應該是美的。

圖10-6

圖10-7

（二）人們對幾種常見外形的心理反應

盆景創作者應該瞭解人們對幾種常見的外形所產生的心理反應，使作品的外形表達一定的意味，較好地傳達作者的思想感情和審美追求，從而使觀眾受到感染。下面談談人們對常見的幾種外形所產生的心理反應：

1. 垂直形態

垂直形態的盆景，會讓人聯想到聳立的鐵塔、高樓，它們具有穩定、挺拔、崇高、肅穆的性格和力感。直幹式盆景和直幹叢林式盆景就屬這種形態（圖10-8）。

圖10-8

2. 水平形態

水平形態的盆景，會讓人聯想到水面、平原等，它們具有平靜、舒展的性格和向兩邊延伸的開闊感。臨水式盆景和以樹枝橫向生長爲主的盆景就屬這種形態（圖10-9）。

圖10-9

3. 斜線形態

斜線形態的盆景，會讓人聯想到傾斜、倒塌的物體，

它們具有動感和不穩定感。
斜幹式盆景就屬此類形態
（圖10-10）。

4. 曲線形態

　　曲線形態的盆景，會讓
人聯想到輕煙、浮雲、波浪
等，它們具有優美、流暢、
活潑、優雅的性格和動感。

圖10-10

曲幹式盆景和懸岩式盆景就屬此類形態（圖10-11）。

5. 三角形形態

　　三角形形態的盆景，會讓人聯想到山丘、金字塔等，
它們具有堅實、穩定、安定之感。國外盆景亦常用這種三
角形造型（圖10-12）。而不等邊三角形則具有方向性和

圖10-11

圖10-12

圖10-13

流動感，國內盆景運用這種形態造型的較多，如李先焱與肖遣合作的五針松盆景（圖10-13）。

圖10-14

6. 圓形形態

圓形形態的盆景，會讓人聯想到月亮、蘋果、車輪等，它們具有豐滿、充實、光滑柔和的性格和流動感。這種形態過於規整，就會像路旁常見的圓球形景觀樹。國外盆景常有這種形態的造型（圖10-14），國內這種造型的盆景則少見。

以上講的是幾種典型和常見的盆景外形所表達的意味。盆景外形的塑造不應千人一面，限死在某些幾何圖形框框之中，而應因材施藝，有所變化和創新。

(三)外形要千姿百態，不要程式化

與繪畫、攝影、舞蹈一樣，盆景是用形象而不是用語言和文字表達的藝術。透過形象說話，由形象感人。要根據盆景自身的特點與規律，在作品的外形與觀眾的心理溝通上下功夫，做到盆景作品的外形與觀眾心理上的反應相吻合，所表達出的意味被觀眾所理解和接受。如果忽視外形塑造，僅僅依靠標題表述的話，那是不可能在觀眾心理上產生共鳴的。

盆景的外型塑造，是一個相對漫長的藝術塑造過程，不可能像繪畫那樣一揮而就。從選材、養坯開始，就應對未來的外形有一個明確的設想。平時的定芽、蓄枝、剪枝、蟠紮等，都應為實現預期的外形而努力。一切局部的塑造都要服從盆景外形設計，使之成為整體中不可分割的一部分。當然，植物的生長不可能完全跟隨人意，這就要求作者善於隨機應變，進行調整，修改原來的的外形設計，如將原來的斜幹式造型改為懸崖式造型等。

在目前盆景造型中，外形雷同和程式化的現象普遍存在，特別是不等邊三角形外形的造型。在某些介紹和評價盆景造型的文章裡，不等邊三角形外形造型被當做唯一的程式來介紹。在分析作品時，用不等邊三角形去界定，給人以誤導。一些初學者以為盆景的外形只能塑造成不等邊

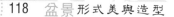

三角形，不敢越雷池一步（圖10-15）。其實，不等邊三角形外形也好，大鍋頂外形也好，都是一種規則式的幾何形造型。作者只要在三角形的框框內，讓樹枝、樹葉去生長填充，成型後，透過修剪，始終保持三角形外形就可以了。這種外形造型不需要太多的創造思維，它和公園裡、道路旁球形樹的造型沒有多大差別。看多了就感到厭煩，不可能在人們的心理上產生振奮和愉悅的美感。

圖10-15

　　從植物生長規律來看，樹冠一般頂部小，下面大，三角形樹冠外形符合樹木的生長規律。這給初學者入門時提供了一個簡單的外形模式。但是能不能把它塑造得比較含蓄、隱晦，有起伏變化而沒有機械做作的痕跡呢？下面我們欣賞兩件盆景作品：一件是鮑世祺的盆景作品《雙雄》（圖 10–16），一件是美國加州盆景聯盟的真柏盆景（圖 10–17）。兩件作品的枝條有長短和聚散的變化，樹冠四周留有開放空白，並使某些局部枝條突破了虛

圖 10–16

突破三角形的葉

開放空白

圖 10–17

擬的三角形邊線，樹冠的外輪廓線是一條有起伏、有凹凸、有節奏變化的自由曲線。見不到人為加工的痕跡，顯得十分生動自然（請看圖10-17，淺黃色線為樹冠虛擬的不等邊三角形框架線。紅線為樹冠的實際外輪廓線，是一條自由流暢的曲線）。其實，自然界萬物千姿百態，亦難找到規整的三角形外形的樹。

我發現凡屬個性鮮明、富有新意的優秀樹木盆景，其外形絕不與別人雷同，大都是不規則的幾何形造型（圖3-36、圖6-14、圖6-20、圖10-4、圖10-6、圖10-16、圖11-6、圖14-1、圖14-3、圖14-5、圖14-9、圖14-10、圖14-11、圖14-12等）。國畫大師齊白石說：「學我者生，似我者死。」在外形上模仿別人、重複別人、重複自己、缺乏創造精神，是很難創作出盆景佳作的。

十一、視覺美點

　　視覺美點，就是指視覺藝術作品（包括繪畫、攝影、盆景等）中，最能引起人們視覺美感，獲得審美愉悅的部位，或者叫做「閃光點」。它是以強烈的形式衝擊、傳達作者的審美情感，引起觀眾共鳴的。

（一）要善於發現視覺美點

　　樹木盆景是由樹根、樹幹、樹枝、枝片、葉片等構成的。可以根據表現需要，透過造型，使其中某些部位形成視覺美點。不同流派的盆景，由於造型風格和手法不同，構成和展現的視覺美點也不盡相同。嶺南盆景擅長由截幹、蓄枝，在枝幹上塑造視覺美點；揚州盆景擅長以獨有的雲片造型構成視覺美點；而湖北的動勢盆景則以樹枝構成強烈的動感來展現視覺美點。

圖11-1

　　由於受素材等先天條件的制約，作者在構建視覺美點時，應善於因材施藝。如有的樹樁懸根露爪，在根盤上就容易形成視覺美點，如韓學年的山松盆景《婀娜》（圖11-1）。作者

圖11-2

利用虯曲懸根的素材，以根代幹，經過藝術加工，在根盤上形成視覺美點，給人以婀娜多姿的美感。而有的樹材軀幹蒼老嶙峋，不需要太多的藝術加工，就能使樹材構成視覺美點（圖11-2）。

　　同時，不同樹木的不同特性，也給我們提供了塑造視覺美點的有利條件。因此，塑造視覺美點，應揚長避短，充分利用樹木本身的特有條件。如榕樹的根，梅花和杜鵑的花，金彈子和石榴的果，以及楓樹的紅葉等（圖11-3）都是最能塑造視覺美點的素材。

圖11-3

(二)如何塑造視覺美點

　　原始的素材並不都能自然地形成視覺美點。在大多數情況下，視覺美點要靠作者在後天的藝術創造中去挖掘。即使先天條件一般的樹材，如果作者獨具慧眼，因材施藝，也可以化腐朽為神奇，使作品突顯出個性鮮明的視覺美點。圖11-4是王選民的檜柏盆景《倚天白雲》。作者對素材進行剪裁後，將其中三個枝做成舍利枝，而另兩個枝綠葉蔥蔥，經過多年的培育和蟠紮、修剪，構成了兩個向右的大面。而大面是由很多小面組成的，精心留出的空白和面的形狀都有節奏變化。枝條一前一後，遮擋樹幹的比例位置恰到好處，淺色的舍利枝幹與深色的枝條構成曲與直、深與淺的對比。半藏半露的深色小枝，既交代了枝幹的來龍去脈，又以它細小的線與樹幹形成粗細對比，增添了作品的形式美感。作者由精心的佈局，把眾多美的因素和諧地構建在整體之中，互相對比、相映成趣，給人的第一印象是樹勢和外形很美，再看各個局部，也都十分精彩。

圖11-4

　　圖11-5是陶大奎的榆樹盆景《林間七賢》。七根高低錯落的小樹（實爲樹枝），不是長在盆土中，而是屹立在半枯橫臥的樹兜上。一眼看去，感到不同一般的美。枝隨人意，小樹幹的位置疏密得當，與樹兜形成曲直、粗細、枯榮的和諧對比。「七賢士」的姿態既各有變化，又協調統一，富有節奏美。這是作者匠心獨運、別具一格的創造，雖是多年前的作品，至今仍使人印象深刻。

　　圖11-6是臺灣楊修先生的象牙樹盆景《自在》。它以令人耳目一新的自然式造型呈現在觀眾面前。枝幹構成的視覺美點給觀眾強烈的視覺衝擊：一是樹冠外形打破了常見的不等邊三角形程式；二是枝幹的組合章法新穎。淺色的樹幹蒼老嶙峋，與兩個向右的主枝構成向右的樹勢。樹幹轉折後向左，把向右的樹枝襯托得更有力度。樹枝由粗到細，過渡自然，樹枝轉折有方有圓，佈局有疏有密，形

圖11-5

圖11-6

成的空白也就有了大小和形狀的變化。它像出自畫家之手，看似隨意，卻韻味十足，是作者長期審美修養、創新思維和造型技藝的綜合體現。

圖11-7

塑造視覺美點，要善於根據情況強化某些部位，掩蓋某些部位的不足，巧妙地展現作品的形式美。圖11-7是左宏發的金彈子盆景《老當益壯》，作者利用密集的葉與果，巧妙地掩蓋了粗大的樹幹與樹枝粗細過渡不自然的缺陷。粗壯的樹幹既展現了古樹魁梧的雄姿，也使金色的果子（點）在深色樹幹（面）的對比之下，顯得更加晶瑩剔透。

（三）根據樹材的不同特點塑造視覺美點

塑造視覺美點，還必須瞭解不同的樹材的特點，因材施藝。如榆樹、對節白蠟、樸樹等，最佳觀賞期是在其落葉後觀賞寒枝，所以大多數作者都在枝幹上塑造視覺美點。參加盆景展覽時，作者大都摘葉以展示寒枝，如圖11-8a，是蕭遣的樸樹盆景《枝隨畫意》。

圖11-8a

疏密有致的寒枝構成了這件作品的視覺美點。當葉片覆蓋枝幹後，枝幹的視覺美點被遮掩，此時觀賞就可能索然寡味了（圖11-8b）。不落葉的樹種，如赤楠、黃楊、松柏等，則必須把塑造視覺美點放在枝幹、葉片和樹冠上，而視覺美點一旦形成，就可不受季節的限制，能保持較長的觀賞期，特別是松柏，如胡樂國的五針松《獨立寒山》（圖11-9）。

圖11-8b

　　值得注意的是：有的樹材雖然先天條件不錯，但由於作者不善於發現也不懂得如何去塑造視覺美點，致使本該突出和展現的樹幹被遮掩，該展現的樹枝被葉片遮蓋，該留出空白的地方沒有留空白，到處都是枝、葉。各種要素之間相互排斥，互相干擾，空白似有似無，十分零亂，沒有一個部位能夠形成視覺美點（圖11-10a）。

圖11-9

　　解決的辦法是：對分散零亂的細部（如枝、葉）進行集攏組合，把遮掩和干擾的部位進行修剪，留出一些空白。這樣枝、幹、葉各得其所，並互相襯托，讓視覺美點得以突顯（圖11-10b）。

圖11-10a

圖11-10b

十二、枝的造型是關鍵

（一）盆景造型主要是枝的造型

　　樹幹與樹枝不同的形態與組合，構成樹木盆景不同的樹冠外形，就像人體的外形主要由骨骼決定一樣。可以說盆景的造型主要是樹枝的培育與造型。

　　從素材下地養坯開始，經過年復一年的養護與造型，培育出與主幹相匹配的、自然的樹枝，逐步形成美麗的樹冠外形。盆景造型技藝的高低，各流派造型風格的差異，也主要體現在樹枝的造型上。如何科學地養護並運用形式美法則因材施藝對樹枝進行造型，成了我們研究盆景造型的主要課題。

　　在前面的章節中，已結合形式美法則講了樹枝的造型，下面再對樹枝的造型作進一步的探討。

（二）樹枝的藝術處理

1. 主枝的出枝點

　　主幹上生長的主枝，最低的一枝的出枝位置最為重要，一般在主幹「黃金分割」處的位置，即主幹高度的1/3或2/3處上下為最理想（圖12-1a、圖12-1b）。切忌在主幹1/2處出枝，也不宜在近根部處出枝，這樣枝葉會遮擋樹腳，沒

有樹幹的支撐，缺少穩重感（圖12-2）。

　　樹幹由下向上逐漸長高，主幹上的主枝由下至上出枝
點的間隔距離逐漸變小，長度也逐漸變短，粗度逐漸變細
（圖12-3），這樣才符合樹木自然生長的現律。樹頂附
近的樹枝，間隔距離不能突然變大，以免露出「脖子」，

圖12-1a

圖12-1b

圖12-2

圖12-3

造成樹頂與整體脫節。

　　有些盆景作者一味追求樹幹的矮壯，主枝的出枝點定得過密，結果主枝長滿側枝和樹葉以後，枝條與枝條之間沒有了空白，枝條連成一片。如果是雜木盆景，落葉後還會看到枝幹和空白。松樹四季常青，樹冠就成了一個大屋頂（圖12-4）。所以在截短樹幹和確定樹枝的出枝點時，一定要考慮成型時樹枝之間的生長空間與空白。

　　圖12-5是易鴻超的黑松盆景，主幹較高，主枝之間有一定的距離，松樹的枝幹、針葉、樹冠外形的美都能得到展示，而且爲今後的再創造留有餘地。

圖12-4　　　　　　　　　　圖12-5

2. 樹枝的空間關係

　　自然界樹木的樹枝都是向四面生長，形成一個立體的樹冠。初學者製作樹木盆景，往往只注意塑造樹幹左右兩側的樹枝，樹冠只有高度和寬度，缺少立體感。而要使樹冠具有一定的空間深度，樹幹前後必須要有樹枝，不過前後的樹枝因透視關係，顯得比實際長度要短。在具體製作

時，後面的樹枝要比前面的樹枝長一些，要透過前面枝幹之間的空白，能看到露出的後面樹枝；而前面的樹枝可適當遮擋樹幹，這樣枝幹有前有後、有虛有實，具有空間深度的樹冠才會給人一種雄偉、空靈、自然的美感（圖12-6）。

圖12-6

3. 樹枝的形態

在「變化統一」一章中，對自然界樹枝的生長形態作了介紹。造型時，樹枝的形態在大方向統一的基礎上，要做到：

①樹枝的轉折要有長短與曲直的變化

由蟠紮使樹枝形成彎曲的轉折成為軟角，而由修剪產生的直線轉折為硬角。在一根樹枝上，要有直線與曲線、軟角與硬角的變化，做到「剛柔相濟、曲直相容」，這樣的樹枝才顯得有對比、有力度、有變化（圖12-5）。圖12-7是明代周臣的《滄浪濯足圖》（局

圖12-7

部）。枝幹先上後下，有藏有露，曲中帶直，轉折剛勁有力，值得品味與借鑑。

②要注意枝幹交接處的形態

樹枝與樹幹及樹枝與樹枝不是直線相交接，而是略有隆起，形成弧線與直線或弧線與弧線相交。在製作時，對直線相交的樹枝，應由蟠紮使其略產生弧度，目的也是爲了形成曲直變化，使樹枝顯得更挺拔和富有生氣（圖12-8）。

③樹枝出枝後的伸展方向要有變化

樹枝不應是直來直去，有時要像寫字行筆一樣，做到「欲上先下」或「欲下先上」。向上的枝條先向下走，然後再向上，反之亦然。這樣的枝條比直來直去的枝條顯得更有力度（圖 12-9）。

④枝梢都應上揚

自然界的樹枝不論是向上、橫向或向下生長，都蘊藏著勃勃生機。就是下垂的樹枝（瀉枝），也會尋找上面樹枝之間的空隙，迎著陽光生長，其枝梢都會上揚（圖

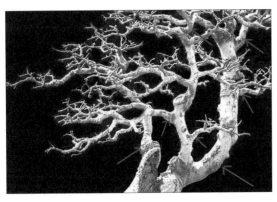

圖12-8

圖12-9

12-10）。有的作者不懂得這一點，在製作時，只知道將樹枝向下扭動，枝梢下垂，顯得毫無生氣（圖12-11）。製作時，將枝條蟠紮下垂後，枝梢應適當向上抬頭。

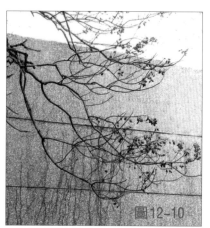

圖12-10

圖12-11

⑤塑造樹枝，同時要塑造空白

　　初學者在造型時，往往只注重塑造枝的形態，而不大注意塑造枝與枝之間形成的空白。實際上，樹枝的生長由主枝到次枝、再到小枝……每長出一個枝，或剪掉一個枝，都會使空白形態產生變化（圖12-12a－圖12-12d）。空白美，樹枝也就美。當你感到樹枝不美時，要學會從空白處找原

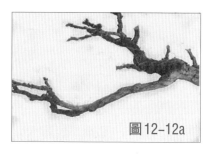

圖12-12a

圖12-12b

圖12-12c

圖12-12d

因，是空白的形狀太規整？還是空白的大小、疏密有問題？當然枝幹之間形成的空白，從觀賞面看或拍成照片看是平面的。而實際上樹枝、樹冠和空白都是佔有一定空間的，是立體的，從不同的角度看，空白的形狀是不同的。所以在塑造樹枝和空白時，始終要從一個觀賞面和一個視點去審視，調整樹枝與空白之間的關係。

⑥要注意露枝、露幹

樹冠中如果只看到茂密的樹葉，看不到樹幹與樹枝，就只有面沒有線、只有肉沒有骨，既缺少對比，又沒有精神。但哪裡露樹枝、露多少，它的長短、位置和比例一定要有變化（圖12-5、圖12-7）

⑦要在樹枝的組合上下功夫

樹冠是由前後、左右的樹枝組合而成的。樹枝之間會有穿插與重疊。初學者往往只注意塑造左右生長的樹枝，而沒有注意前後生長的樹枝。更沒有注意樹枝的穿插與重疊。要知道樹枝只有通過穿插與重疊，互有遮擋，才會產生有前有後的空間層次，也才會使樹枝產生疏密變化。但是樹枝穿插重疊後，要避免某些部位的樹枝過於密集、雜亂，或形成交叉枝、輪生枝等視覺效果。國外有些樹木盆

圖12-13

景，雖然外形比較規整，但穿插重疊後密集的樹枝仍然密中有序，整體看枝的組合很美，細看每一根樹枝也十分生動自然（圖12-13、圖12-6），這是值得我們學習的。

（三）樹枝造型三法：加法、減法、變法

我由多年的樹木盆景造型實踐，認爲樹枝的培育與造型概括起來就是三種方法：即加法、減法和變法。

在樹幹上培育新枝和樹葉爲加法；修剪樹枝和樹葉爲減法；由蟠紮改變枝幹的形態爲變法，變法類似繪畫創作中的變形。樹木盆景的創作過程，實際上就是一個不斷和反覆做加法、減法以及變法的造型過程。目前大多數作者在造型時，以嶺南的「截幹蓄枝」（加法、減法）和金屬絲蟠紮（變法）結合使用最爲普遍。

1.如何做加法、減法和變法（以對節白蠟盆景《迎春》為例）

①截取素材——做減法

盆景造型，第一步是做減法，就是把採挖的素材進行截短。截短前，應對素材從不同方位，不同視點進行審視，反覆推敲，進行構思。根據素材生長特性和已有的形態條件，設想盆景未來成型後的樹相（可以先畫設計圖），包括樹幹的走勢，枝的生長空間位置、形態、方向、長短、樹冠的外形等，

圖12-14

確定樹幹截短和栽植的最佳方案。這步減法十分重要，它決定盆景矮化後未來成長的框架，要求我們既要膽大，又要慎重。如果減錯了，就無法彌補（圖12-14）。

②培育新枝——做加法

圖12-15

盆景造型，第二步是做加法，就是把截取後的素材栽植養坯，經過科學養護，促其成活，讓樹幹的萌芽點萌發出新芽，長出新枝。為保證加法成功，一般應栽植在地裡或大盆中。未萌芽前，適當避開陽光，營造濕潤通風的小環境，防治病蟲害。經由科學養護，培養出健壯的新枝（圖12-15）。

③抹芽或疏枝──做減法

　　第二年春天，新芽萌發後，第三步又是做減法，將樹幹上過密的和多餘的新芽逐步抹去，只保留預先設計的萌芽點上的新芽，讓其生長成為主枝。也可以先不抹去新芽，等新枝長到一定粗度，再做減法──疏枝。疏去重疊的、對生的、過密的、不是設計部位的枝條，讓留下的枝條成為有用的枝條，還可以抹芽與疏枝結合進行（圖12-16）。無論是抹芽還是疏枝，絕對不要急於剪掉枝梢，應在新生的主枝長粗壯以後再剪。

④改變新枝生長方向與形態──做變法

　　當新生的主枝長到一定粗度時，就要對某些生長方向和形態不符合設計要求的主枝進行變法處理。運用金屬絲蟠紮扭動，及時改變其生長方向、姿態和空間位置，讓其長粗壯。否則，枝條木質化，變硬以後要改變其方向、姿態和空間位置就比較困難了（圖12-17）。

圖12-16

經過蟠紮
改變方向的樹枝

圖12-17

⑤剪短第一節新枝——做減法

等新生的第一節主枝長到一定的粗度能與樹幹自然銜接時（一般需要1～3年時間），又要做減法。在春天萌芽前，對其進行重剪縮短，一般只留一兩個芽點，讓其萌發第二節枝。經幾年時間培育的第一節枝，真正有用的，就是重剪後留下的一小段（圖12-18）。在重剪前，一定要設想好第二節枝、第三節枝和小枝分佈的空間位置和樹冠的外形。留多長，留幾個芽點，要做到心中有底，以免第二節枝留長了再剪而浪費時間。

培育第二節枝的方法與培育第一節枝的方法相同。春天，當重剪後的第一節枝萌發出新芽後，也要經過抹芽（減法），促其生長（加法），蟠紮、調整第二節枝的方向和形態（變法）（圖12-19）。等第二節枝長到與第一節枝的粗細相匹配時，再做減法重剪（圖12-20）。如此反覆由加法、減法、變法，依次培養出第三節枝、第四節枝（圖12-21、圖12-22、圖12-23、圖12-24）……。經過幾年或

圖12-18

圖12-19

圖12-20

更長時間的培育與造型，樹枝就會由粗到細，逐漸茂密成面，形成樹冠外形，一件樹木盆景就初步成型了（圖12-25）。

　　根據樹木生長的規律，培育第一節枝所需時間最長。在枝條數量上，第一節枝要少於第二節枝，第二節枝要少於第三節枝……因此在修剪時，第一節枝上一般只留1～2個第二節枝，第二節枝上一般只留2～3個第三節枝……根據樹勢和造型要求，取捨枝的長短，調整位置和方向。從幹基到樹頂，樹枝會一節節地越來越多，越來越細，越來越密，培育所需的時間也越來越短。這樣，培育出來的樹枝粗細過渡自

圖12-21

圖12-22

圖12-23

圖12-24

圖12-25

然，轉折頓挫有力，比起那些只靠蟠紮扭曲的樹枝，顯得變化自然，富有畫意。

2. 做加法、減法和變法的作用

做加法，就是加強科學管理，讓樹木自然健康地生長。如果不做加法，減法和變法就無從做起。做加法，有時不隨人意，如萌發枝條的部位不理想、枝條枯死等。但也可隨人意，關鍵是要科學養護，管理得當，保證樹木健康生長。這是樹木盆景造型的基礎。

做減法的目的主要是改變樹枝的空間佔有形態：

⑴改變枝幹的長度和高度，使其矮化。

⑵改變枝的形態和走勢，形成枝的粗細、轉折和頓挫變化。

⑶把某個枝佔有的空間讓給或留給另一個枝。

⑷去掉多餘和影響造型的枝條，改變枝與枝之間關係。

⑸保留和塑造空白空間。

⑹構建理想的樹冠外形。

做減法的方式主要是剪掉枝條，為再做加法──長出更理想的枝條服務。所以在樹木盆景造型時，要從設計的長遠目標出發，要捨得做減法和敢於做減法，不要被樹木暫時的枝葉豐滿所迷惑而不忍下手。只有透過反覆做加法、減法和變法，才能培養出最理想的枝條和樹冠。

做減法要把握好時機。例如，要把第一節枝條做主枝培養，達到理想粗度，能與樹幹形成粗細自然過渡，所需

要的時間會很長（兩年或更長時間）；如果想要早開叉和早成型而急於做減法，結果會適得其反（圖12-26），造成主枝太細，以後也很難增粗。

經過實踐，積累了樹木盆景造型的經驗之後，不要因循保守，不要總按老套路截取枝幹和進行修剪，形成僵化的模式。而要有新的和美的發現，做各種嘗試，作品才能出現新的面貌。

做變法的目的是通過蟠紮改變枝條的形態：

(1) 改變枝條的方向和走勢；

(2) 改變枝條的生長空間，處理好枝條之間的關係；

圖12-26

(3) 構建理想的樹冠外形。

做變法要適當，特別是創作自然形態的盆景，要減法和變法結合進行，做到形態自然，沒有人為的痕跡。只進行蟠紮做變法改變枝條的生長方向，不改變枝條的長短和粗細，可以較快成型。但這種只蟠紮成型的枝條，同既做加減法又做變法成型的枝條相比，缺少粗細和頓挫變化，因而缺少力度和美感。很多商品盆景，為了快速成型，讓枝條和樹冠早日豐滿，都是以變法（蟠紮）為主來造型，結果形態雷同，人為痕跡十分明顯，欣賞價值大打折扣。

盆景是活的藝術品，不像繪畫、雕塑那樣，完成後就可以定型。一件優秀的盆景作品成型後，自身仍會不斷地做加法——長出新枝、新葉，形態會不斷發生變化。要保持作品美的形態，每年都要適時地做減法和變法。生命不息，創作不止。不懂盆景造型的人，即使買了一盆好的盆景，因為不會養護和做減法、變法，樹幹被茂密的枝葉遮掩，空白會越來越少。久而久之，樹冠外形也就面目全非了。

由於樹種不同，生長速度不一。有的松柏類常綠喬木，生長比較緩慢，盆景作品成型後，只要稍作減法和變法，就可保持原態；而有的落葉喬木，如榆樹、樸樹、對節白蠟等，樹枝萌發生長較迅速，盆景作品成型後，變化比較快（包括個別枝幹萎縮枯死），這就需要審時度勢，在原來的基礎上，有新的發現，既大膽又審慎地做減法、變法，進行再創造，使作品日臻完美，品味得到提升。所以盆景作品的養護與造型是永無止境的。

十三、形式與意境

(一)樹木盆景的形式與意味

樹木盆景是以一棵或幾棵樹為表現物件的藝術品。作者在創作時，懷著強烈的藝術衝動和創作激情，以樹為素材，由高度的藝術匠心和製作技藝，對素材進行剪裁、加工、重新組織，將「自然的樹」轉化為具有思想情感和審美取向的「心中的樹」。盆景作品就是主觀的意念與客觀的物象相熔鑄的產物。這種「意象」是由點、線、面和色彩等構成的形式或形式關係體現出來的。這種形式關係如果達到最佳的狀態，就能打動人，激起人們的審美情感，這時的形式就是「有意味的形式」。

作品的形式及意象不同，所呈現的意味也不同，觀眾可以由感官直接感受到。比如，美國國家盆景博物館的雀梅盆景（圖13-1），高聳的直幹形式表現出挺拔、穩定、崇高和肅靜的風采，這種美正是中國古典美學所稱的「陽剛之美」。吳成發的曲幹式盆景

圖13-1

《驚濤》（圖13-2），曲的枝幹形式表現出活潑、輕柔、流暢、典雅的性格和動感，這種美則是中國古典美學所稱的「陰柔之美」。這些不同的形式樹木盆景所表現出來的美的意味不是附加的，而是作者根據樹木盆景自身的特點寓情於景，抒發自己胸中的審美情懷，把情感「物化」在樹的形象之中的結果。

為了寓情於景，有些作者在盆景樹旁安置相應的擺件，如人物、動物和房屋等，以此來反映生活，增添意味。這種表現形式如果貼近生活，表現自然，能夠引起發人們的審美感情。如早年張瑞堂的《豐收在望》以及張夷的《冶心圖》（圖13-3）等。然而，能與樹搭配和諧並反映生活的擺件並不多。如果總是用那相同的幾種擺件，就會導致立意雷同，使人乏味。

有的作者運用象形手法將素材加工成盆景。加工後的樹木形象在似與不似之間，有別於現實生活中的真實形象，由寓意於象，其形式表現出來的獨特意味，給人以美

圖13-2

圖13-3

的享受。如韓學年的《攬雲》（圖13-4）和鄭永泰的《白鹿回頭問蒼穹》（圖13-5）等。不過這種創作形式受素材的制約，弄不好會牽強附會。製作過頭了，就像根藝，容易喧賓奪主。

圖13-4

圖13-5

　　不論是放擺件的樹木盆景，還是象形的樹木盆景，它的意味必須和作品美的形象融為一體，才能為觀眾所理解和接受，獲得審美的愉悅。

(二)樹木盆景表現意境的局限性

　　何謂意境？唐代詩人劉禹錫云：「境生象外」（《董氏武陵集記》），指境是由「象」所引起的聯想而形成的又一片新天地、新境界。前面說了，盆景形成的意象可能有一定的意味，但要形成意境，必須由盆景有形的象誘發觀眾產生「象外之象」的聯想和共鳴才能獲得。樹木盆景是以單一的樹木為主要素材，雖然借助標題可以使觀眾產

生一些「象外之象」的聯想，但它和繪畫等其他藝術形式相比，在表現意境方面有一定的局限性。李白的千古絕唱：「床前明月光，疑是地上霜，舉頭望明月，低頭思故鄉。」短短的四行詩，包含有床、明月、霜、人、故鄉等眾多的物象，讀者會依據自身的經歷，產生「象外之象」的聯想，在腦海中形成不同的畫面，可謂「詩中有畫」。宋代畫家范寬

圖13-6

的《雪景寒林圖》（圖13-6），表現的是北方冬天雪後的山林景象。畫面上群山重重疊疊，氣勢磅礡。深谷危徑、枯木寒柯、寺觀隱現、山麓水邊、密林重疊……山巒、樹木、坡地、河流、煙雲等眾多的「象」組合成景。畫面上所表現的景象，使人觸景生情，容易誘發「象外之象」的聯想，產生一種新的境界，真可謂「畫中有詩」。

樹木盆景要表達這樣的意境比較困難。圖13-7是一張普通的風景攝影作品，

圖13-7

畫面主體是一棵傾斜的樹。烏雲密佈，狂風大作，山雨欲來，眾多物象構成了景，形成了一種境界。人們觀賞照片時，彷彿身臨其境，引發很多聯想。如果把這棵樹栽植於盆中，製作成樹木盆景（圖13-8），然後把它陳列在展覽會上，周圍的環境變了，照片中那種鮮活氛圍沒有了，觀眾感受到的僅僅是呈現傾斜態勢的、有動感的、有一定意味的樹，自然不大可能產生「象外之象」的更多聯想，也很難感受到作品有什麼境界和意境了。樹木盆景單靠一棵樹，可以表達形式的某種意味（或優美或剛勁、或急促或舒緩、或穩重或飄逸、或狂放不羈或細膩抒情……），但要表達意境有很大難度。我們在評價一件樹木盆景作品時，不要把「美」和「意境」混為一談，美的盆景具有一定的美的意味，但不一定就有意境。

山水盆景是大自然景象的縮影，宜於表現自然風光和生活場景。相對樹木盆景而言，山水盆景在表現意境方面具有一定的優勢。作者可以透過樹、山石、擺件（人物、建築、船……）等材料寄情於景，把觀眾帶入作品所要表現的詩情畫意的境界。觀眾也容易觸景生情，引發遐思，與作品產生共鳴。如趙慶泉的《古木清池》

圖13-8

（圖13-9）、馮連生的水旱盆景《別有洞天》（圖13-10）和鄭緒芒的水旱盆景《山居圖》（圖13-11）等。不過山水盆景使用的擺件只能作為點綴，使用過多或大小不當的話，就容易喧賓奪主，作品就可能變成一般展覽會上缺少審美情趣的沙盤模型。

圖13-9

圖13-10

圖13-11

（三）要由美的形象「說話」

與繪畫作品一樣，我國的盆景作品參展或發表，都會

給每件作品取一個名字。成功的名字畫龍點睛，幫助和引導觀眾欣賞，也能為作品增加一些美的意境。

　　如賀淦蓀的樹石盆景《風在吼》（圖13-12），名字與作品動勢的樹相十分貼切，給了觀眾進行聯想和再創造的空間。有的觀眾可能聯想到冼星海的《黃河大合唱》，有的觀眾可能聯想到1998年抗擊洪災的情景。這種聯想，因人而異，有人看了可能只覺得很美，什麼也沒有多想。然而不管怎麼樣，作品形象所表現出與自然抗爭的意境的客觀效果是存在的。

　　有些作者不是由形象「說話」，而是由名字把自己設想的意境強加給觀眾。有些作品，其名字與形象嚴重脫節，觀眾看了，怎麼聯想也無法產生共鳴，無法領會作者要表現的意境。有的作者企圖借助名字，表達深奧的人生哲理或緊跟形勢反映社會熱點，強加給盆景作品難以承載的社會教育功能。這些作者的願望也許是好的，但效果只

圖13-12

能適得其反。上面所說的弊端都是由於作者不瞭解盆景藝術的特點和局限性，不遵循盆景藝術自身的規律所致。國外很多優秀的盆景作品，雖然沒有名字，大家由作品美的形式也能夠感受到作品蘊藏的某種意味，甚至產生「象外之象」的聯想，同樣給人帶來審美愉悅與快感。

由於盆景在表現作品意境方面有一定的局限性，我們不應強求每件盆景作品都有深刻的意境。更不應捨本逐末，認為盆景只要附上一個好的名字，就會有意境，因而忽視盆景的形式美。

「皮之不存，毛將焉附」。盆景創作要由美的形象「說話」，著眼點應集中到如何創造與意味或意境相一致的藝術形式上來，使作品的意味或意境具有一定的深度。

(四)給盆景的功能正確定位

審美功能是一切藝術品必須具備的基本品格。和其他主流藝術相比，盆景最基本的社會功能應該是審美功能。我們不應該過分強調盆景的其他社會功能。人們購買盆景用於美化環境，首先看它的形式美不美，與自己的審美訴求是否相吻合。工作之餘去看盆景展覽，不是為了去受思想教育，而是為了放鬆身心和欣賞美。正如著名畫家吳冠中在《繪畫的形式美》一文中說的：「它們有自己的造型美意境，而並不負有向你說教的額外任務。」人們大多不會去過分關注盆景有無名字和意境，但他們會被賞心悅目的作品形象所打動，對作品形式美產生共鳴，在獲得美的享受的同時，也獲得了精神上的愉悅和陶冶。

十四、形式與創新

(一)仿製與創造

　　初學盆景造型，大多從仿製開始。依據傳統模式，以師傅或名家的作品爲範本，由仿製學習掌握盆景造型的基本形式和規律。這與開始學習書法和中國畫要臨摹「碑帖」和「畫譜」一樣，是盆景創作由「生」到「熟」的必經之路，是進入獨創性，形成自己風格前的階梯。

　　仿製是手段不是目的，仿製的目的是爲了以後的創造。如果在盆景創作中一味仿製，過分依賴已有的模式，在形式上不斷重複別人也重複自己，作品就會淹沒在普遍性之中，完全失去個性。這種形式雷同或大同小異的作品屢見不鮮，但它們只會在觀衆面前一晃而過，不會留下任何印象。

(二) 自然式造型是盆景創新的必由之路

　　過去我國民間的盆景製作，大都因襲傳統，以規則式造型爲主，工藝味較濃，人工製作痕跡明顯，作品形式雷同，缺少新意。受過去文人盆景和當代自然式盆景的影響，今天，人們的審美觀念和審美情趣發生了很大變化，回歸自然的願望也愈加強烈。

　　盆景這種表現自然美的藝術形式在某種程度上正好符

合現代人的心理需求。所以自然式造型的盆景已成為我國盆景創作的主流。有創新和個性的自然式盆景作品，越來越受到人們的喜愛，充分展現了我國當今盆景事業發展所取得的新成果。例如，在松樹盆景作品中，胡樂國和潘仲連所創作的高幹垂枝的自然式松樹盆景《向天涯》（圖14-1）和《劉松年筆意》（圖14-2）等。它們以自然為師，既不追求矮壯怪異的樹材，也不把樹材三彎九倒拐。經他們修剪、蟠紮、濃縮後的造型，仍保持高幹（直幹或曲幹）的骨架，雄渾挺拔、氣宇軒昂、樹形多姿、針葉青翠。其陽剛之美表現出松樹的自然本性與精神風格，給人一種積極向上的力量。胡樂國的松樹新作《踏歌行》（圖14-3），仍堅持運用樹材雙幹高聳、轉折自然、倚斜有勢的這種自然式風格。跌宕的枝條經造型梳理，統一中有變

圖14-1

圖14-2

化，看不出一點人工製作的痕跡。外形既不重複自己，也不重複別人，不失為自然式松樹盆景形式創新上的佳作。

可喜的是，近年來，在松樹盆景創作中出現了一種新的形式，即以韓學年為代表的山松盆景（圖14-4、圖14-5）。他以廣西特有的山松（馬尾松）為素材。這種山松的樹幹與常見的松樹形態不同，纖長而多彎曲變化。

作者善於利用這種素材，因材施藝，在枝、幹和根的造型上下功夫。經過精心裁剪與蓄養，保留幹、枝最美的部分，突出幹和枝的

圖14-3

圖14-4

圖14-5

長短、方圓、頓挫變化。雖經人工蟠紮，但幹和枝的線條轉折自然，像用畫筆揮灑而成，柔中寓剛，具有漢字草書的節奏美和韻律美，表現出一種內在的力量。這種「草書式」盆景別具一格，野趣橫生，極具個性，令人耳目一新。它與潘仲連和胡樂國的松樹盆景相比，雖然風格迥異，但異曲同工，都是自然式松樹盆景中的創新佳作。

相反，有些松樹盆景只求矮壯，枝與枝之間空隙很小，只見針葉，不見空白與骨架，最後只能擠成一團，形成外形雷同的大蘑菇，無法再進行創造（圖14-6）。這說明自然式盆景因為沒有固定模式，要創造出有個性的高幹垂枝松樹盆景作品比製作規則式盆景的難度大。但自然式盆景為創新提供了廣闊的空間，這一點是毋庸置疑的。

雜木盆景的樹木主幹大都採自山野，形態變化自然，而樹枝大都是人工塑造。目前見到的雜木盆景，樹枝多為平展式，每株大都有一飄枝或一跌枝，枝條組合成的外形多為三角形，形態雷同的現象普遍存在。真正有個性，有創新的雜木自然式盆景要數陸學明的紅果盆景《酡顏弄舞腰》（圖14-7），楊修的象牙樹盆景《自在》（圖11-6），賀淦蓀的樹石盆景《風在吼》（圖13-12）和吳成發的三角梅盆景《雲垂枝重紫作蔭》

圖14-6

（圖14-8）等。他們都崇尚自然，運用嶺南「蓄枝截幹」技法，追求自然風格。這裡要特別提出的是賀淦蓀創作的《風在吼》《秋思》等動勢盆景，打破傳統模式，抓住大自然中迎風搏擊的樹的瞬間形象，將其凝固在樹石一體的造型中。這一新的形式剛一出現，就受到人們的讚賞，一時間為很多人所摹仿。後來由於雷同的作品多了，這一新形式逐漸被人冷落。但他對推動我國的盆景創新功不可沒。

在水旱盆景方面，有趙慶泉的《古木清池》（圖13-9）、《聽濤》（圖14-9）。樹石盆景有

圖14-7

圖14-8

圖14-9

賀淦蓀的《回歸》（圖14-10）。他們從大自然和生活中汲取營養，造型新穎，宛若天成，富有詩情畫意，給水旱盆景和樹石盆景注入了新的活力。還有張夷的山水盆景《硯邊夢談‧月山野風孤綠》（圖14-11），無論是在內容上，還是在形式上，與慣用的程式化手法（如每盆的山，都是一大一小，一高一低）拉開了距離。他運用形式美法則和現代工藝設計中的構成手法，並利用自製的曲線多邊形盆，把山石、樹、擺件等歸納為點、線、面來組合造型，使景物形式新穎，結構簡潔，空間得到拓展，畫面富有生活情趣，形成與別人不同的藝術風格。

圖14-10

　　上面介紹的這些創新作品，大都出自大師或名人之手。廣大盆景作者在形式上創新的佳作也常有出現。如卞海創作的柏樹盆景，充分利用一些不可取的、條件較差的素材，因材施藝，在形式上別出心裁，刻意創新。在處理舍利幹時，既注意簡潔和整體感，又注意處理好與枝葉的關係，使各自的美都能得到充分展現。他的每件作品，形式既不重複別人，也不重複自己，

圖14-11

圖14-12

很有新意，如他的檜柏（圖14-12）。還有他創作的叢林式盆景《獨木成林》（圖14-13a、圖14-13b、圖14-13c、圖14-13d），是由一棵一般的五針松改作而成的。難能可貴的是，他創作思路靈活，敢於打破常規，把五針松的幹橫臥作爲

圖14-13a

圖14-13b

圖14-13c

圖14-13d

表現角度，將橫向生長的枝條改變爲縱向，製作成叢林式盆景（目前枝、幹的形態和相互關係的完善尙需時日）。他在創作中表現出來的不爲程式所拘，在形式上勇於探索的創新精神，值得肯定。

(三)盆景形式創新的途徑

怎樣在盆景的形式上進行創新呢？從以上創新的作品中，可以得到以下啓發：

1. 要不斷提高審美能力，即對形象的分辨力和洞察力，培養和鍛鍊審視形式美的眼光

只有獨具慧眼，才能創造出新穎的作品。而眼低手高，只單純在技藝上下功夫，哪怕再有什麼絕活，也難於創造出好作品，更不要說創新了。

提高審美能力，一是要「外師造化」，投入到大自然的懷抱中，對大自然良莠並存的現象進行分辨與篩選，汲取美的形象。盆景創作，只有通過「外師造化」「中得心源」，才能「移想妙得」。二是必須掌握形式美的一些知識。面對大自然，不能只看熱鬧，還要看門道。當你看到了美的形象，一定要分析和理解形成美的原因，掌握構成形式美的規律。如黃山的《猴子觀海》（圖14-14），是由山峰上一塊像猴子形的石頭得名。這塊石頭爲什麼那麼突出，成爲一個亮點？因爲這個山峰上只有這塊石頭，與山峰（面）相比較，它只是一個點，因而與山峰形成了點與面的對比，才格外引人注目而產生美感。又如，張家界

圖14-14

拔地而起的「御筆峰」為什麼美？是因為形態相似，前後
高低錯落的石峰反覆形成的節奏富有變化讓人產生美感
（圖14-15、唐光城攝）。我們在觀賞美景時，要用腦子

圖14-15

看「門道」。運用形式美的知識進行分析，把這些感性形象加以整理、組合，使之成爲理性的形象集聚在腦海裡，在盆景創作中才會有豐富的想像力和創造力。賀淦蓀、胡樂國、趙慶泉等創作的盆景形神兼備，源於自然，又高於自然，這與他們對大自然的形象和品格具有深刻理解與把握是分不開的。

2.盆景形式的創新，主要是內部結構和外形的創新

傳統規則式盆景的內部結構模式，有「方拐一寸三彎」「三台六托一頂」「三彎九倒拐」等模式。在這種模式下形成的外形比較規整和雷同。而自然界的樹木由於樹種各異，生長環境不同，內部結構（包括枝、幹的形態和生長方向等）及外形千姿百態，給自然式盆景創作提供了取之不盡的源泉和無限的創造空間。長久以來，不等邊三角形外形成爲一種固定的外形模式，不等邊三角形外形比等邊三角形外形的盆景要美，可以作爲一種形式存在。但這種外形雷同的作品多了，實質就成爲一種新的規則式盆景，怎麼可能有新意!?

一件樹木盆景作品，儘管在內部結構（枝幹、葉片）的塑造上花了很大功夫，而外形流於一般，很難有引人注目的效果。同樣，國外很多樹木盆景的內部結構（枝幹的形態、過渡、養護）相當不錯，但外形很多是規則的幾何形，看多了也感到缺少新意。

3. 抓住形式創新的主要環節

首先，好的樹材靠發現，樹材截短是關鍵。對所選的樹材，不宜按常規模式從高到低截短，而應根據樹種的特性和創意截短，並留下取捨的餘地。其次，樹木培養、枝條和樹冠外形的塑造是形式創新的重要環節。

這個過程需要很多年，尤其是理想的雜木盆景，要蓄枝截幹，外形不是一兩年就能形成的。所以，創作一件外形上有個性的作品，就必須根據樹材的條件，有一個整體設想的藍圖（包括樹勢的走向，樹幹、樹枝和樹葉構成的外形等），然後按設想一步一步地實施。如果沒有整體的藍圖，只是孤立地去塑造一枝一葉，「就枝給枝」，心中無底的話，形式上就難有創新。

事實上，盆景創作沒有終點。在盆景創作的過程中，有些基本成型的作品不理想，創作者產生新的構思後，由改作使作品煥然一新的例子很多。但這種改作多適用於松柏樹種。雜木盆景一旦枝幹定型，要像松柏那樣大幅度蟠紮和扭曲是不大可能的，只能由對枝幹的裁剪、對小枝的蟠紮、改變栽植角度等方法進行調整。所以在盆景創作中，培養整體把握形式的能力十分重要，因為這樣可以少走彎路。

盆景創作者要加強自身藝術修養，向其他藝術形式學習，不斷更新觀念，吸收和借鑒國外盆景創作經驗，這些都十分重要。創新是藝術的生命，個性是藝術的靈魂。過去的創新就是今天的傳統，今天的創新又將是未來的傳統。所以創新是在繼承上發展，永無止境。

十五、樹木盆景造型實例

(一)雜木盆景

1.《對節I號》（圖15-1至圖15-7）

這件作品爲小枝扦插（從下地扦插，萌發樹枝，到截枝上盆前，沒有拍照），經過幾年的培育和蓄枝截幹，上盆時，確定爲懸崖式造型。透過不斷修剪、蟠紮，樹枝逐漸由疏到密，有的已連成一片。我不喜歡把枝條蓄剪成

圖15-1

圖15-2

圖15-3

圖15-4

圖15-5

圖15-6

圖15-7

一個個孤立的饅頭形，雖經蟠紮和修剪，枝條仍要有斷有連，形態隨意自然。我始終注意保留窗形空白和開放空白，並注意空白的大小變化，使樹枝形成疏密對比，讓曲線枝幹形成統一的樹勢和優美的節奏，呈現勃勃向上的生機（圖15-7）。

2.《對節2號》（圖15-8至圖15-17）

這件作品的樹椿是花1塊錢買回的，非常一般。在只有主幹的樹椿上造型，就像在一張白紙上作畫，創作空間很大。雖然造型的週期很長，但對我掌握植株生長的規律和盆景造型技藝卻十分有益。

圖15-8

圖15-9

圖15-10

圖15-11

圖15-12

圖15-13

十年寒暑，通過不斷地做加法、減法和變法，不斷蓄枝截幹，從第1節枝至第6、7節枝，枝幹漸漸由粗到細、由疏到密，逐步形成了面，長成比較豐滿自然的樹冠外形。

圖15-14

圖15-15

圖15-16

圖15-17

　　我塑造樹枝時，始終從全域著眼，上下左右關照，注意枝的走向、力度，以及枝與枝之間形成的疏密關係和空白形狀。特別是小枝，我像畫國畫用毛筆勾線一樣，一筆一筆勾出的鹿角枝，做到筆筆相隨，具有力度和韻味。我在塑造樹冠外形時，從來不受不等邊三角形框框的約束，儘量使樹的姿態生動自然，充滿畫意。

3.《豔陽秋》（圖15-18至圖15-27）

榆樹是雜木盆景中比較理想的素材。樹枝四季形態優美，樹葉秋天由黃變紅，既可觀枝，也可賞葉。

這件作品的素材，是十多年前我在農村偶然得到的。原來它是向上生長的，截短

圖15-18

圖15-19

圖15-20

圖15-21

圖15-22

圖15-23

圖15-24

圖15-25

圖15-26

圖15-27

後，我把它改作成懸崖式造型。當時我初學盆景製作，對樹木的生長規律認識不夠，有點急於求成，幹留長了，第一枝蓄的粗度不夠，我就截短了，以致造成枝幹粗細過渡不自然的毛病。在以後的造型中，我由蟠紮和修剪，使樹枝的生長方向與向左的樹勢形成一致。

我喜歡自然式的造型，製作的過程與前面「枝的造型是關鍵」一章介紹的相同。我在塑造枝的形態（實形）的同時，對空白（虛形）形態的塑造同樣重視。樹冠中的空白，不是自然形成的，而是有意塑造出來的，這樣才會形成疏與密、虛與實的對比，樹冠外形才會自然生動。

4. 榆樹（圖15-28至圖15-39）

這棵雙幹榆樹，從下地養坯到基本成型，也經歷了近十個春秋。從圖15-28到圖15-39，可以看出它的生長和造型的軌跡。我根據榆樹的生長特性，在蟠紮和修剪中，做到：①讓樹枝左、右斜向生長，但多數枝向左，形成向

圖15-28

圖15-29

圖15-30

圖15-31

圖15-32

圖15-33

圖15-34

圖15-35

圖15-36

圖15-37

圖15-38

圖15-39

左的樹勢。②樹枝之間有小的角度變化，儘量避免平行枝。③主枝之間與小枝之間形成的空白均為不規則的幾何形，讓樹枝在統一中有疏密和節奏的變化。目前枝條和樹冠外形有些四平八穩，需要從全域著眼，做一次重剪，在枝條之間的關係上（包括大小、位置、斷連等）進行調整，使樹冠外形面貌有新的變化。

5.《枝隨畫意》（圖15-40至圖15-51）

這是我最早培育的一件樸樹盆景。在十多年的養護和造型期間，我始終在枝幹組成的框架結構上下功夫。為了與曲幹的形態統一協調，由修剪和蟠紮，調整水平枝和垂直枝的方向，把枝都統一塑造成為曲線枝，並注意枝轉折

圖15-40

圖15-41

圖15-42

圖15-43

圖15-44

圖15-45

的比例、方圓、頓挫變化。經過一年又一年地反覆蓄枝截幹，枝幹由粗到細，形成自然過渡的形態。其中把握整體，處理好枝與枝、枝條與枝條之間的分佈、走勢、穿插、疏密、空白等關係最為重要（圖15-49）。

　　我把心中的畫意「物化」於枝的形態中，按畫理處理枝的造型（圖15-50），不留人為痕跡。我不喜歡把枝條蓄剪成規整的形狀，一旦枝條成為饅頭形後，就得年年都像理髮那樣修剪（圖15-51）。這樣的造型過於工整，人為痕跡太明顯，很難再有新的創造和發展。

圖15-46

圖15-47

圖15-48

圖15-49

圖15-50

圖15-51

6. 樸樹（圖15-52至圖15-61）

這棵樸樹截樁不到位，左邊的樹幹留長了一點（圖15-52）。成活後，抹芽定枝，圖15-53是經過兩年放養後

圖15-52

的樹相。第三年，對枝進行蟠紮和修剪（圖15-54），並將背面改為觀賞面（圖15-55）。又經過兩年蓄枝放養（這期間，只蟠紮改變枝的形態和方向，不修剪），樹枝與幹的粗細過渡才比較自然（圖15-56）。次年再重剪，這時樹的骨架和樹勢已基本形成（圖

圖15-53

圖15-54

圖15-55

圖15-56

圖15-57

圖15-58

15-57）。然後每年進行蟠紮和修剪，主要在塑造小枝、空白和樹冠外形上下功夫。我崇尚自然，完全根據素材的條件施藝造型，使枝條和空白反覆形成的節奏富有變化。經過10多年培養，成為目前這個模樣（圖15-61）。下一步需將右下的枝條蓄養，使其豐滿後才能與整體般配。

圖15-59　　　　　圖15-60　　　　　圖15-61

7. 赤楠（圖15-62至圖15-68）

　　赤楠，為四季常青的觀葉盆景樹種，生長較緩慢。截樁時，我保留了自然形成的曲幹（圖15-62）。萌芽後，經過抹芽定出枝點，讓新枝健壯生長。我開始沒有急於修剪，只由蟠紮，調整枝的形態和方向（圖15-63）。由兩年的放養，待新枝長到一定粗度，再剪短，在新枝上留2～3個側枝（圖15-64）。經過不斷蓄養和修剪，小枝越來越多，葉越來越茂密，逐步形成了面。面有大小和聚散變化，枝幹有

圖15-62

圖15-63 圖15-64 圖15-65

圖15-66 圖15-67 圖15-68

藏有露，面不把枝幹（線）全部遮檔，才能形成面與線的對比。外形起伏的曲線使其顯示出節奏變化（圖15-68）。

（二）松樹盆景

黃岡市位於大別山區，可以經常觀賞到大自然中千姿百態的松樹（圖15-69、圖15-70），那些高聳挺拔和莊重肅穆的形象在我的腦海中留下了深刻的印象。讀了胡樂國先生的「談松樹盆景的高幹垂枝」一文，我頗有同感。松樹盆景如果追求矮壯，出枝密，外形規整，像雜木盆景那樣製作，是很難表現松樹風采的。

　　我培育創作松樹盆景只有幾年時間，椿材一般，目前都未成型。在幾年的培育創作實踐中，我感到創作松樹盆景仍須先抓骨架的造型：即抓樹幹的形態和勢、主枝的形態和方向，不要急於形成葉片，枝與枝之間要預留適當的發展空間。從下面展示的幾件作品的照片中，可以反映我的造型過程及審美取向。

圖15-69

圖15-70

8. 黑松（圖15-71至圖15-76）

　　黑松養坯前，將樹頂適當截短（圖15-71）。成活後的第二年開始造型，先抓主幹、主枝組成的骨架，由蟠紮，將右邊的主枝扭曲，再與左邊的主枝靠攏。並將下面的第二節枝扭曲，打破與左邊主枝平行的狀態。然後將右邊主枝上的一長枝蟠紮下垂，將左邊主枝上的下垂枝剪短，造成向右的樹勢（圖15-72、圖15-73）。第三年，第二節枝上萌發新芽，長出了第三節枝，樹冠比以前豐滿（圖15-74）。此時由拉鉤牽拉和鋁絲蟠紮，將左邊的主

圖15-71　　　　　圖15-72　　　　　圖15-73

圖15-74　　　　　圖15-75　　　　　圖15-76

枝形態進行調整，使其出現彎曲轉折的變化（圖15-75）。
圖15-76是第四年的樹相（已將背面改為觀賞面），此時，
主要骨架基本形成，已初具「高幹垂枝」的姿態。

9. 一本雙幹黑松（圖15-77至圖15-80）

　　這種小黑松在大別山區隨處可見。清明前後帶土球挖
回，很容易成活（圖15-77）。第二年就可以開始造型。通
過蟠紮先調整雙幹的形態，確立向右的樹勢（圖15-78）。
次年再調整枝的形態與方向，去掉某些對生枝芽（圖
15-79）。到第五年側枝增多，樹冠逐漸豐滿。由蟠紮調整

圖15-77　　　　　圖15-78　　　　　圖15-79

枝條的形態和方向，使枝條高低錯
落，形成的空白也有大小和形態變
化，與五年前的樹相相比，面貌有了
顯著的變化（圖15-80）。這種小黑
松可塑性大，只要會因材施藝，可以
塑造出各種形態的自然式松樹盆景。

圖15-80

10. 赤松（圖15-81至圖15-85）

　　這棵赤松樹樁出枝很低，下面兩個枝呈水平狀態，枝
幹不緊湊（圖15-81）。我在下面兩個枝托處鋸出楔形切
口（圖15-82），再將兩個枝與主幹拉攏，使枝幹統一呈
斜行向上的姿態。然後由蟠紮調整枝的形態（圖15-
83）。從觀賞面看，A枝與主幹重疊，枝幹之間沒有空
白，由蟠紮將A枝扭曲向左。此時樹冠中枝幹形成的空白
跟以前相比有了大小變化，向右的樹勢也基本形成（圖
15-84）。第四年，小枝上新芽綻放，樹冠開始豐滿，為
今後的發展打下了基礎（圖15-85）。

圖15-81

圖15-82

圖15-83

圖15-84

圖15-85

11. 五針松（圖15-86至圖15-89）

　　此五針松原為直幹，頂上兩枝一枝向左，一枝向右，左右對稱，比較呆板。購回後，將頂上右枝截短，將主幹適當拉彎，改變栽植角度，定為斜幹式（圖15-86）。在後來的十多年培育中，主要促樹枝開叉，讓枝葉逐漸豐滿。對於生長過快不符合樹冠外形設計要求的樹枝適時進行縮剪，並注意調整枝的形態和生長方向，在枝葉間預留適當的空白，使枝幹有藏有露、針葉形成的面有大有小（圖15-87、圖15-88）。

　　在造型時，我由蟠紮注意露出針葉下面的小枝，使這些小枝構成許多小空白（虛面），既與針葉（實面）形成虛實對比，也使小枝（線）與針葉（面）形成線與面的對比。這些局部的調整都是爲了把樹冠外形塑造得更美。大家看看此盆景的近照（圖15-89），外形曲線高低起伏，反覆形成的節奏比較優美。今後枝葉還會繼續生長，適時蟠紮和縮剪，保留空白，露出某些枝幹，調整局部之間的關係，不斷注意外形塑造，才能使作品永葆青春。

圖15-86

圖15-87

圖15-88

圖15-89

12.《黃山松1號》（圖15-90至圖15-94）

這株黃山松的素材非常一般，經過適當截短後，栽置於盆中讓其成活（圖15-90）。第二年，經蟠紮對枝幹的形態和方向作了調整，統一為斜幹曲枝（圖15-91）。第三年到第四年，經過蟠紮，不斷調整樹枝和空白的形態及空間位置，並對某些過長的枝梢和過密的芽，適當修剪，使枝幹按照預先的設想形成骨架和樹冠外形（圖15-92、圖15-93）。第五年，枝越來越密，仍需對枝的形態進行調整，但不論是斜向枝、橫向枝和下垂枝，枝梢都要上揚。下垂枝我也蓄枝截短，讓上面的側枝逐步下垂。

我覺得枝條蟠紮一次性下垂到位，缺少粗細和轉折變化，會顯得軟弱無力。這件作品仍處於蓄養階段，目前只是一個雛形（圖15-94）。

我的松樹造型方法，和那種蓄養很多年、長滿枝葉後再造型的方法不同。我是在素材養活後，主動「出擊」，年年都蟠紮造型（主要是調整枝幹的形態和空間位置，只修剪過

圖15-90

圖15-91

圖15-92

密的芽和過長的枝梢），讓松樹的枝幹盡可能形成最佳的形式結構（這種方法不適宜幹粗枝細、枝幹過渡不自然的素材）。這樣可以少走彎路，縮短成型時間。一般 5 年左右（圖 15–95a、圖 15–95b，圖 15–96a、圖 15–96b），就可以形成基本骨架和樹冠外形。

圖 15–93

圖 15–94

圖 15–95a

圖 15–95b

圖15-96a

圖15-96b

13. 五針松盆景的改作（圖15-97至圖15-116）

　　樹木盆景的改作，是指作者對已成型的作品不滿意，通過新的創作構思，對作品的造型進行較大修改，使作品形式更美，品位得到提升。目前，對松、柏盆景的改作比較普遍。這裡介紹的是一件五針松盆景的改作過程。

　　這件五針松盆景，是朋友從市場上購來的。已有20多年樹齡（圖15-97與圖15-98是原正面樹相與背面樹相）。

圖15-97

圖15-98

樹徑10公分左右，雖矮壯，但樹相很不理想。主幹下方兩個枝爲對生枝，主幹頂部三個枝呈輪生狀態，枝的粗細雖與主幹相匹配，出枝點也有錯位，但枝條一直沒有截短，每個枝條都很長，沒有開叉長出與其相匹配的側枝。不管從哪個角度看，樹枝之間互相平行，左右對稱，樹相顯得呆板，缺少動感。

　　我和幾個朋友一起，對它進行了改作。大家提出了各種改作意見。經過反覆琢磨，確定了改作方案。保持原有直立主幹的形態，對主枝進行較大幅度的調整：保留右邊的主枝，截短左邊的主枝，改變左右對稱的外形。由蟠紮，調整枝的方向與形態，形成向右的樹勢，讓松樹挺拔、蒼勁的性格得以自然展現。

　　松樹改作時間，最好選擇在冬天到春天松樹萌動前。具體改作過程如下：

　　⑴ 將主幹左下枝截短（圖15-99）。

　　⑵ 截短後的樹相（圖15-100）。

圖15-99

圖15-100

⑶ 將主幹左上枝（三叉枝中左邊的枝）截短（圖15-101）。

⑷ 截短後的樹相（圖15-102）。

圖15-101

圖15-102

⑸ 將右邊兩主枝用鋁絲進行蟠紮（圖15-103）。

⑹ 將右上主枝上的分枝扭向右下方（圖15-104）。

圖15-103

圖15-104

(7) 感覺左上枝還是長了，再截短（第一次截時，留有餘地。圖15-105）。

(8) 左下枝也再次截短（圖15-106）。

圖15-105

圖15-106

(9) 將頂部中間的枝用鋁絲蟠紮，向上抬起扶正，做樹頂（圖15-107）。

(10) 扶正後的樹相（圖15-108）。

圖15-107

圖15-108

⑾ 審視全域，感到右上枝還是長了，決定再截短一節，留下上面的兩個側枝（圖15-109）。

⑿ 截枝後的樹相（圖15-110）。

圖15-109

圖15-110

⒀ 用木樁頂，用鐵絲拉，將右下枝拉彎做成飄枝，新的骨架已基本形成（圖15-111）。

⒁ 將樹樁從盆中取出，準備換盆（圖15-112）。

圖15-111

圖15-112

⒂ 栽植於新盆後的樹相（圖15-113）。

⒃ 將主枝上的小枝用鋁絲蟠紮，調整其形態與方向，使其與主枝及整個樹勢相協調（圖15-114）。

圖15-113

圖15-114

⒄ 此時整個改作基本完成（圖15-115）。

圖15-115

⒅經過三年的養護和不斷調整造型，樹冠逐漸豐滿，樹態更加美觀。與改作前比，有了顯著的變化（圖15–116）。

圖15–116

由對這件作品的改作，我深深感到要使改作達到預期的效果，必須事先深思熟慮，從全域著眼，大處著手，最好畫一個設計圖。有把握的地方先下手，沒有把握的地方後動手，截短時，注意留有餘地。先主枝，後側枝，再小枝，按設計一步一步地完成。

本書盆景作品的作者：

賀淦蓀　圖9–21

陶大奎　圖11–3a

左宏發　圖1–7c、圖7–10 、圖11–3c

陳文輝　圖9–19

劉光彩　圖5–8

代太宏　圖1–9b、圖9–15

婁永歡　圖1–10

秦明楨　圖9–8a

方志鵬　圖9–5 、圖3–25、圖8–10

周運忠　圖4–24、圖9–18

李先焱　圖1–8

易鴻超　圖4–22、圖9–20

汪　磊　圖5–14、圖9–8b

何耀新　圖10–5

逸趣園　圖5–7 、圖6–6 、圖9–2c、圖9–2d

蕭　遣　圖 1–9a、圖 3–27、圖 4–16、圖 7–14、圖 7–17、圖9–4、圖9–9

美國國家盆景博物館　圖1–9c、圖1–11 、圖1–12a、圖3–30、圖4–17、圖7–18、圖7–23、圖9–1、圖9–6 、圖9–13c、圖9–16、圖10–8、圖11–3d、圖11–10、圖 12–2、圖12–3、圖12–6、圖12–9、圖12–13

歐洲微型盆景園網 http://www.shohin-europe.com/photos.

html 圖1-9d、圖4-13、圖4-21b、圖5-8、圖9-13a、圖11-2

美國達拉斯盆栽園 http://www.dallasbonsai.com/gallery_pg2.html 圖3-38、圖10-14

加拿大多倫多盆栽協會http://www.torontobonsai.org/ 圖4-18、圖5-9、圖5-11

加州海灣盆景網http://www.bonsaiboon.com 圖2-24、圖4-19、圖5-12、圖5-13、圖6-21、圖7-9、圖7-15、圖9-26、圖9-7、圖9-10、圖9-17、圖10-11、圖12-1a、圖12-1b、圖12-4、圖14-6

加州盆景聯盟網http://www.gsbf-bonsai.org/ 圖10-4 、圖11-3b

注：（文中已注明者除外）

主要參考文獻

1. 本・克・門茨 [美國] . 攝影構圖學 [M] . 北京：長城出版社，1982 .

2. 常銳倫 . 繪畫構圖學 [M] . 烏魯木齊：新疆人民出版社，1986 .

3. 孫美蘭 . 藝術概論 [M] . 北京：高等教育出版社，1989 .

4. 劉一原 . 山水畫藝術處理 [M] . 武漢：湖北美術出版社，1989 .

5. 鄭錄高等 . 透視、色彩、構圖、解剖 [M] . 北京：高等教育出版社，1989 .

6. 董欣賓 . 中國繪畫對偶範疇論 [M] . 南京：江蘇美術出版社，1990 .

7. 胡樂國 . 名家教你做樹木盆景 [M] . 福州：福建科學技術出版社，2006 .

後　記

　　這本書從2003年開始寫作，歷經了6年時間，今天終於同讀者見面了。爲了使書中內容聯繫實際，通俗易懂，我從《花木盆景》雜誌上選用了部分盆景作品圖片作爲範例。由於使用這些圖片需徵得作者的同意，我花了很多時間，透過電話和電子郵件等途徑與這些盆景作者們取得聯繫，並得到他們的同意與支持。在這裡謹向他們再次表示感謝！有的作者因爲無法聯繫，只能將他們的精美作品割愛。另外，我還從國外的盆景展覽和盆景網站及周圍的盆景朋友的佳作中選用了部分作品。

　　需要說明的是，本書不是盆景作品集錦，書中展示的作品都是爲闡述本書內容而選擇的，因此，國內的許多優秀作品沒能選用。

　　作爲美術工作者，從形式美的角度來闡述盆景造型是我的一種嘗試。本書初稿完成後，書中自己的一些見解我並沒有把握，我想請一位盆景方面的專家從專業的角度提提意見。

　　胡樂國大師是我景仰的盆景專家之一，他的盆景作品和盆景著作我經常拜讀，受益匪淺。之前我們並不認識，我冒昧地與他聯繫，想把書稿寄給他審閱，請他指正，他熱情地答應了我的要求。在炎熱的夏天裡，他揮汗仔細地

審閱了初稿的列印件，不但提出了許多寶貴的修改意見，還應邀爲本書寫了序。在這裡我要特別表示感謝！

本書在寫作過程中還得到了饒學剛、徐旻、汪季石、李國慶、吳樹人和陳方等先生的支持與幫助。特別是趙慶泉、胡樂國、馮連生等盆景大師，臺灣中華盆栽作家協會會長楊修，盆景名家韓學年、鄭永泰、張夷、黃翔、趙大奎、左宏發等還發來他們的優秀作品圖片給本書作範圖，爲本書增色不少。賀淦蓀大師在病中爲本書題寫書名。張幼雲教授在百忙中爲本書寫序。安徽科學技術出版社劉三珊老師對本書的寫作給予了具體的指導，在此向他們表示衷心的感謝！

最後我要感謝我的夫人孫景雲、女兒小曼、兒子爭春，沒有他們的支持與幫助，本書是難以順利完成的。

今年我已經75歲了，身體不允許我再玩盆景。完成這本書後，我將重新拿起畫筆，安享自己的晚年。

國家圖書館出版品預行編目資料

盆景形式美與造型 / 蕭遣 編著
——初版，——臺北市，品冠文化，2012 [民 101.11]
面；21公分—（休閒生活；3）
ISBN　978-957-468-909-5（平裝）
1.盆景
435.8　　　　　　　　　　　　　　　　　101018190

盆景形式美與造型

編　　著 / 蕭　　遣
責任編輯 / 謝 三 珊
發 行 人 / 蔡 孟 甫
出 版 者 / 品冠文化出版社
社　　址 / 臺北市北投區（石牌）致遠一路 2 段 12 巷 1 號
電　　話 / （02）28233123，28236031，28236033
傳　　真 / （02）28272069
郵政劃撥 / 19346241
網　　址 / www.dah-jaan.com.tw
E - m a i l / service@dah-jaan.com.tw
登 記 證 / 北市建一字第 227242 號
承 印 者 / 凌祥彩色印刷有限公司
裝　　訂 / 眾友企業公司
排 版 者 / 弘益電腦排版有限公司
授 權 者 / 安徽科學技術出版社
初版 1 刷 / 2012 年（民 101）11 月
初版 4 刷 / 2019 年（民 108） 1 月　　　　　　　　定價 / 280元

大展好書　好書大展

品嘗好書　冠群可期